U0513077

未来哲学系列

异在的力量

当代艺术评论

孙周兴 著

上海人民出版社

严善錞,《富春 12》, 2019 年

严善錞,《赫德逊 200 山之一 10B》, 2020 年

严善錞,《赫德逊 200 树之一 07A》, 2021 年

王广义,《通俗人类学研究—无知之幕》, 2018 年

葛辉,《翠绿色背景》,2021—2023 年

普伦克斯，《午夜的女人》（*Frau um Mitternacht*），1994 年

普伦克斯，《月儿》（*Lunchin*），1997 年

严智龙,《莫名的世界 7#》, 2023 年

严智龙，《莫名的世界 11#》，2023 年

王冬龄，《寒山诗》，2024 年

王冬龄，《纪念徐渭》，2021 年

王冬龄，《道德经》册页局部，2016 年

蔡枫,《相之五》, 2019 年

蔡枫，《相之十二》，2019 年

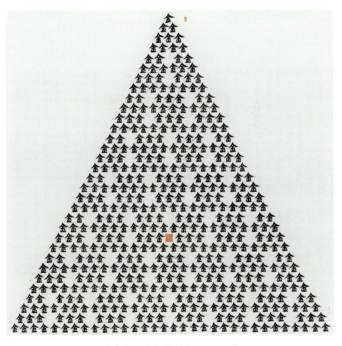

刘彦湖,《金字塔》, 2019 年

刘彦湖，《（哈哈）以此面对世界或下士闻道》，2019 年

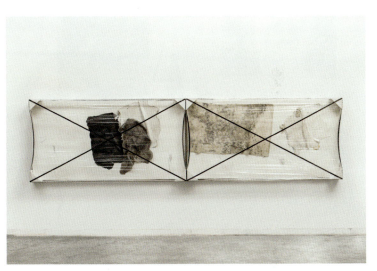

尚扬,《白内障—保鲜》, 2019 年

尚扬创作《剩山图》现场，2014 年

目 录

第 一 编

异在或者另一种存在

.... 1

尚扬艺术中的物质研究　.... 3

异类的凝视　.... 12

艺术—政治的逻辑　.... 15

一只章鱼与一个女人　.... 20

异在或者另一种存在　.... 24

无物之阵　.... 28

末人形状　.... 32

博伊斯与快乐的艺术　.... 36

第 二 编

谁的手指？指向哪里？

.... 41

普伦克斯的抽象世界 43

焦小健近作中的诗性观念 47

谁的手指，指向哪里？ 59

莫名之物 66

圆实的时空 70

对当代绘画来说，综合是必然的 79

诗与画，以及中西艺术之间 95

自然的颓败与艺术的未来 101

第 三 编

圆性汉字与书法的当代意义

.... 109

圆性汉字与书法的当代意义　.... 111

王冬龄的行动书学　.... 139

书者、学者和行者　.... 147

关于龚鹏程的文人书法　.... 153

相是什么？缘何而变？　.... 157

没有山水，江南何在？　.... 166

用手工的方式倾听器物的意思　.... 175

第 四 编

姿态比结果更重要

.... 181

博伊斯的艺术概念与精神遗产 183

艺术的本质在于创造奇异性 196

抵抗，姿态比结果更重要 212

后 记

.... 225

第一编

————

异在或者另一种存在

尚扬艺术中的物质研究 [1]

尚扬对我来说一直只是个传说。多年以来，几位哲学家朋友在回忆20世纪80年代的武汉岁月时，经常会跟我提到尚扬。但除了在展览人群中的一次匆匆握手，直到行文此刻，尚扬之于我依然是陌生的。不过，当

---

1. 为"尚扬·白内障—保鲜"艺术展（上海徐汇光大会展中心的巽汇艺术空间，2019年11月21日）写的"策展人的话"。本次展览由巽汇与同济大学共同主办，寒碧担任总策划，孙周兴任策展人，汪民安任学术主持，艺术家、艺术史家严善錞担纲展览总监。

我这次终于有机会关注尚扬时，我着实吃惊不小，因为尚扬艺术满足了我关于"当代艺术"的基本想象。

尚扬艺术不好懂更不好说。首先是因为，尚扬在艺术上好像没有榜样和典范，他总是在变，无论什么中西样式，不管什么人物材质，对他都不构成规定和限制。尚扬的风格大概是不定和无形，但奇妙的是，他的作品总是能够让人看出是属他的。这是尚扬的高人之处：蓄意与他者保持距离，又始终对他者保持开放。

老友汪民安是最懂尚扬艺术的，他向我们提示了尚扬作品中传达出来的关于破碎自然的经验和哲思。纵观尚扬 20 世纪 90 年代以来的创作，尤其在他的《大风景》《董其昌计划》《坏山水》《剩山图》及最近几年的

《白内障》等系列作品中，我们确实看到了这位艺术家关于这个已然变得物非人非的自然／世界的思考。这应该暗示着尚扬艺术的哲学向度。当代艺术本来就具有哲学性，其境界多半取决于艺术家哲思的位置。

就尚扬的近作而言，容易让人起疑的一点大概是，他只是要探讨已成老生常谈的生态问题吗？或者只是要通过艺术做一种生态哲学？

尚扬近作《白内障》系列当然不是要处理一种常见的眼病。白内障是一种典型的老年病，以专业的说法，是"晶状体代谢紊乱而致浑浊"，浑浊晶状体阻扰光线向视网膜的投射，从而导致患者视物模糊。不得不承认，尚扬的这个点位踩得相当高明。今日人类已经普遍地视力下降，视像黯淡，精神感知力亦相应败落。人类垂垂老矣，已经普遍患上了身心双重的白内障。19 世纪的哲人尼采喜欢使用 decadence 一词来描述人类身心两个方面的"颓废"状态；20 世纪的人智学家鲁道夫·施泰纳则声称，人类已经进入一个"弱感世界"。他们的所思指向是一致的。尚扬作品中的未尽之言也在于此。

为探究这个虚弱颓废的物质世界，尚扬又一次动用了他早在 20 世纪 90 年代初就开始使用的工业材料——塑料。这又是一个稀罕的选择。五颜六色的塑料铺天盖地，已经包裹了整个地球，尚扬有一个说法是"塑料皮肤"。可以想象，塑料这种人造物质是不无神秘的，它既有形又无形，既透明又不可洞穿，既固化又不断溶解入水土——所谓"降解"，即化为对环境无害的物质。以包装的形式或者以粉末的形式，塑料在地球上汹涌流动，泛滥成灾。而主要通过塑料制品在降解过程中生成的"环境激素"，已经深度改变了地球生态，严重毒化了人类体液环境，使人类和其他动物的自然繁殖能力大幅降低，而且呈现不断加速之势，无可逆转。

尼采所谓的普遍颓废的"末人"时代到来了——在尚扬这里，可以说是一个"白内障时代"。"末人"即最后的人，他已经无计可施，老眼昏花，只会不停地翻动白眼了。

当代艺术真正的奠基者约瑟夫·博伊斯曾经主张：今天的艺术必须超越单纯的视觉探索，转向物质研究。他这个主张不无争议。博伊斯当年给出的一个理由是：无论具象还是抽象，视觉艺术的两种基本样式的可能性已经消耗殆尽，所以艺术必须转向物质研究了。但为何必然是艺术呢？博伊斯进一步论证说，物质是远离逻辑的，所以唯有通过艺术来探究。更早的思想家海德格尔也有类似讲法：艺术比科学更能接近事物。艺术如果不能对这个已经被技术工业完全支配和彻底重塑的物质世界做出反应，而且必须是一种非科学、非逻辑的反应，一种个体性的奇异神秘的反应，它就还没有获得当代性，更不可能具有未来性。

地球已经进入"人类世"，在人类世中已经和正在发生的是自然人类文明向技术人类文明的过渡。当代艺术可谓人类世的新艺术，它固然要追忆和保存已经破碎、正在消逝的自然人类经验，但不能停留于此，它还要直面文明断裂，更要介入技术统治时代生活世界经验的重建。对当代艺术家来说，确认断裂并非难事，难在如何介入和重建——如何通过艺术重建世界经验。

自 20 世纪 90 年代以来，尚扬深谋远虑，以持久发力的高难度动作，通过多个系列样式变幻、主题连贯的作品，完成了当代艺术意义上的根本转向和推进。就世界经验之重建这一核心命题，尚扬实施了两项相互联结的艰难工作，一是艺术的物质研究，二是艺术的政治赋义。就前者而言，尚扬不再停留在简单的视觉图像探索和营造上，而是动用多样物象的并置和对观，意在开启新生活世界的物之经验。在他的系列作品中，自然物、手工物与技术物（技术制品）经常被拼贴、叠加和组合，由之得以重获意义。在技术工业时代，物已经被彻底抽象—抽空了，而艺术作品就是要让物神秘地回归，重新成为"意义的载体"。艺术通过物之凝聚创设世界的意义，这应该就是艺术中物质研究的动因。

进一步，当代艺术的物质研究还必须拓展到社会介入，甚至于进入文明批判，此即我所谓的艺术的政治赋义。或者更应该说，当代艺术的物质研究本身就是一种社会介入或者政治赋义。尚扬的几个围绕风景和山水主题的系列作品都已经为此作了见证。如果说他更早的《大风景》等系列还在刻意谋求画面趣味的话，那么，新近的架上装置作品《白内障》的观念性似乎更为直接显赫。《白内障—保鲜》已经把一种艺术的物质研究展现为技术批判和生命哲学，让观者思考在塑料化工时代物质的全球流动和新式存在，以及无所不在又隐而不显的技术—工业—资本的逻辑，更提醒人们审视和探测在技术统治状态下人类生命的整体颓败和可能结局。

通过介入而抵抗，这是当代艺术的使命。虽然明知大势已去，虽然艺术的介入行动也不免软弱乏力，但人类还必须摆出这种抵抗姿态。我相信，尚扬是深谙个中要义的。尚扬不断变换、不断否定的奇异创造，甚至在他的作品中隐含的悖逆和戏谑成分，都可理解为一种抵抗，这种抵抗既指向外部世界，同时也是艺术家的一种自我保护。

2019 年 10 月 13 日

异类的凝视
——王广义新作《通俗人类学研究》[1]

当代艺术家王广义推出新作《通俗人类学研究》，其观念意图极为显赫，指向种族和类本质的深度思考，也可谓时机合成之作。值此世道，在全球技术工业的强力敉平作用下，种族—宗教性的反弹愈演愈烈，弱工业化种族和人群的抗争此起彼伏，而作为老牌种族主义的"白人至上主义"竟也乘机回归，

---

1. 为王广义"通俗人类学研究"艺术展（上海巽汇艺术空间，2019 年 4 月 26 日）写的"策展人的话"。

死灰复燃。不断诉诸暴力的种族主义已成当今世界最大难题，足以让人忧虑这个世界的好和这个人类的恶。当代艺术不得不直面和介入此题——它也许是当今人类最大的政治。

作为中国最具观念性的艺术家之一，王广义在近作中展示的思想格局相当宽大，蕴含的问题令人吃紧。什么是"通俗人类学研究"？何种人类学？是要研究人类种族的同一性与差异性表现？越来越同质化的人类当真具有同一性的类本质吗？什么是头颅，什么是面孔和面容？精神性的统一要素何在？内含的头颅与外显的面相到底有何种关系？何者是根本性的？如果种族差异首先显现为个体面孔的差异，那么，各色人种面容背后究竟是什么？面面相觑的人间蔑视和种族敌意究竟缘何而起？甚至在个体经验层面上，仍然要问：什么是凝视？面孔的凝视和被凝视意味着什么？如此等等。所谓"通俗人类学研究"恐怕只是艺术家的虚晃一枪，实际上是要构成一种区别于严肃学术的艺术—政治的追问和思索，甚至完全可以拓展一种面孔现象学或身体现象学。

本次展览将以"无知之幕""种族、暴力、美学""种族分析"三个板块呈现艺术家王广义的探索和思考；但艺术家的工作只是一种开端性的召唤，我们同时将邀请哲学、人类学、社会学和政治学等领域的学者参与创作，以"人面兽心""人以群分""流浪人类"等为主题展开研讨，借此共同完成一件约瑟夫·博伊斯意义上的当代艺术作品。

2019 年 4 月 6 日记于香港道风山

艺术—政治的逻辑

——王广义新作《通俗人类学研究》[1]

很高兴担任本次王广义展览的策展人。我这个策展人当然是不称职的，画是广义自己挂的，整个局面是寒碧兄和善錞兄掌握的。我主要是做了一些文秘的工作。但秘书也有俊艺、舜华和晓曦。所以我会对自己的身份产生怀疑。我想最合理的解释是：我是来学习的。好在我确实愿意学习。通过这次学习，

---

1. 在王广义"通俗人类学研究"艺术展（上海巽汇艺术空间，2019 年 4 月 26 日）开幕式上的致辞。

15

我对王广义的艺术有了一些理解，对当代艺术有了更深一步的体会。我有下面几点看法，提出来跟大家分享。

第一，观念成为艺术是可能的。这话听起来让人不爽，这方面人们的误解和曲解很多。观念怎么可能成为艺术？艺术不是手工的吗？黑格尔当年就以艺术的观念性不强、不能传达精神理念而贬低艺术。令黑格尔想不到的是，当代艺术成了"观念艺术"，担当了"观念艺术"的任务。时至今日，我们大概要意识到，艺术的手工时代恐怕结束了，或者说快要结束了，比赛手工技巧的时代结束了，因为我们的文明正处于从自然人类文明向技术人类文明的快速切换和过渡中，在这个过程中，艺术的反应是最灵敏的。如果我们认为艺术今天还在比赛手工和技巧，那我们的艺术观念就出了问题。手工及手工艺术的意义当然还在，但不再可能成为主流的创造方式了。我想，当代艺术追求的是如何以造型手段制造出奇异的观念效果。当代艺术实质上都是观念艺术，无论是装置、行为还是新媒体，都是某种观念艺术。王广义自称"观念主义者"，他在这方面的意识是相当清晰的。

第二，艺术成为政治是可能的。王广义本次展览的主题是种族主义问题，面对的是当今世界上最大的政治难题。我在"策展人的话"中指出：王广义"所谓'通俗人类学研究'恐怕只是艺术家的虚晃一枪，实际上是要构成一种区别于严肃学术的艺术—政治的追问和思索，甚至完全可以拓展一种面孔现象学或身体现象学"。王广义在本次展览里的作品当然不是要搞学术，不是哲学，不是人类学，不是民族学，也不是单纯地搞政治，他说是"伪科学"，我命之为"艺术—政治"，有别于通常的政治话语。艺术—政治何所作为？是不是可以帮助人们以另类的和异类的眼光看政治？艺术—政治能给我们什么样的启发？我一直在想王广义在这方面的推进。我们需要一起来追问：艺术政治如何区别于传统的通常的政治话语，来让我们面对全人类最难的话题？

第三，艺术成为当代的是可能的，而且是必然的。我曾经说，广义的工作只是"一种开端性的召唤"，这件作品或者这个艺术事件的完成需要在场各位的介入和参与。本次展览已经在 4 月 22 日和 23 日举行了两场研讨活动，后面还有两场研讨活动。多学科的学者和今天在场的各位都是"共同创作者"。瓦格纳所谓的"总体艺术作品"包含着多样艺术样式的合作和贯通，而在当代艺术语境里也意味着艺术创作的公共化。所谓"总体艺术"，不光指艺术家动用多样的艺术媒介，也指艺术创造的公共性和普遍性。当代艺术必须是"总体艺术"，必须成为博伊斯意义上的"社会雕塑"艺术。艺术成为社会生活的一部分，对社会生活做出反应，这不但是可能的，也是必然的。

艺术为什么变得越来越重要了？是因为人人都是艺术家，是因为生活本身就是创造。这时候博伊斯就可以说："世界的未来是人类的一件艺术作品。"

2019 年 4 月 26 日

一只章鱼与一个女人[1]

　　向京的《降临》做了一只硕大的硅质的章鱼，靳卫红的《疼痛》画了一个惨痛的生产的女人，这是两件既直观又难以索解的作品，其中隐含的问题复杂多样，解释空间巨大；而把两位女性两件作品并置起来展示，也是需要胆略的。

　　策展人阿克曼把两件作品的意义方向定

---

1. 巽汇当代艺术研究展览之三"遭逢美杜莎：向京／靳卫红展览"开幕式致辞（2019 年 8 月 17 日下午 3 点）。

20

位于美杜莎，从而把这个展览定名为"遭逢美杜莎"。美杜莎是古希腊神话中的蛇发女妖。根据罗马诗人奥维德的《变形记》所记，蛇发女妖美杜莎本来是个美丽的少女，人只要看过她的眼睛，就会失去灵魂而变成一尊石像。阿克曼由此引申出"诱惑与疼痛"的主题——这样够了吗？

靳卫红的《疼痛》是生之痛，作品本身似乎很直白，很惨烈。古希腊神话故事曾说：不要出生最幸福，是最大的好事。但不生是不可能的，而生是最苦的。

向京的《降临》是白色章鱼。章鱼是动物界的一个异类，是最神秘的动物。据我了解，章鱼有三个特点：一、构造奇特，章鱼具有跟所有生物都不同的基因序列，有三颗心脏（两颗腮心脏，一颗体心脏），一个主脑和八个副脑；二、往死里爱，章鱼有八条腿，右侧第三条腕为交配腕，交配后不久即双双死掉；三、聪明灵动，章鱼在无脊椎动物里是最聪明的，其智力接近几岁小孩。正因为这三个十分怪异的特点，许多科幻电影喜欢把章鱼与外星人联系起来，如美国科幻电影《降临》。向京此次创作显然受到了这部电影的影响，甚至可以说是她对这部伟大的科幻电影的致敬之作，所以她径直把自己的这件作品叫作《降临》。

电影《降临》里的章鱼是另一种生命存在，它有自己的非线性的时间和语言，完全不同于人类。向京的《降临》做不到电影式的叙事，她更多地用自己的方式面对章鱼生命本体，比如她做了两颗不断地鼓劲的心脏，比如她做了一条摇晃的腿，后者应该就是用于交配的第三条腿，等等。

所以我认为，向京的《降临》放在今天的空间里，尤其与靳卫红的《疼痛》并置对照，还别有一番意味，而不是简单地把这部电影里的章鱼雕塑化。她在传达什么呢？如果说靳卫红的《疼痛》提出了"生与痛"的主题，思索生命的开端性的苦难，那么，向京的《降临》则把"生—死—性"这个更繁复的课题呈现了出来。

痛到底是一种什么样的感觉？人生不可能不痛，不痛就不生了，因为开端决定未来。还有这只神奇的章鱼，它是另一种存在吗？它是未来的存在吗？它欲仙欲死，把求生的性本能与求灭的死本能彻底统一起来。

一只章鱼与一个女人，呈现人生此在生死性的艰难纠缠。——我是不是想多了，讲多了？再讲就等于哲学课了，赶紧打住罢。

异在或者另一种存在 [1]

即便是在自然人类生活世界里，"另一种存在"也体现了艺术的不确定本性。艺术总在寻求不一样的存在。而技术统治的"人类世"更把人类推向更激进、更动荡的异在之境。所以，另一种存在归于艺术本体，也指向新人类。

所谓另一种存在不是另一个世界。今天

---

1. 为太原千度长江美术馆"另一种存在"当代艺术展（山西太原，2022 年 7 月 2 日）写的"主持人的话"。

已经不可能有或少有尼采所谓的"彼世论"立场，因为传统文明构造的"彼世"观念已经分崩离析。另一种存在就是此世此在，就是此时此刻。此刻此在就是异在，异在是在瞬间中发生的奇异实存行动，实即艺术行动。艺术没有本质，没有规定性，是因为艺术的本质是奇异。奇异是异于他者，成为另类，又是出离自己，异于本己。博伊斯说艺术＝生活；我们可以接着说，艺术＝实存。

在博伊斯离世后的三十多年间，世界局势大变，是因为技术进入了加速状态，起于近代欧洲的普遍数理得以在全球范围内实现和展开，人类进入另一种存在，可以命之为"数字存在"。这是令人惊奇又担忧的进展。通过广义数字技术而完成的技术统治地位为人类带来空前的普遍交往的自由生活，但同时，各种落伍的政治组织方式又通过数字技术构建了艺术家基弗所谓的"数码集中营"。在虚拟和虚无的数字存在样式中，艺术何为？我们也问：何谓数字艺术？

我们处于一个深度分裂的时代。我们似乎还是自然人类，遵循自然存在的生命原理和艺术逻辑；但同时我们已经不再是自然人类，而是进入另一种技术存在方式，后者正在加速构成和变异之中。博伊斯的当代艺术扩展了艺术概念，在新形势下，我们今天恐怕面临再度拓展当代艺术概念的任务。

为此——不仅为此——我们组织了本次展览。本展览邀请多位具有蓬勃创造力的国内青年艺术家，他们以另类的创造回应现代技术所致的当代世界和生活的深度变革，以艺术方式探索人类未来存在的可能性和新存在样式。而在诡秘的疫情中组织本次展览，本身就是一种艺术行动。结果是：在异在或者另一种存在的意义上，我说我的，艺术家们各自异在。

2022 年 6 月 22 日

无物之阵
——刘春杰『鲁迅主题』艺术展[1]

　　2022 年 7 月 14 日上午，在苏州波特兰小街的圣哲会客室里，我用一支红笔写下"无敌之阵"四个字。我试图以此来命名正在计划中的刘春杰"鲁迅主题"展。当时我正跟吾友聂圣哲讨论这个展览的事宜。我想到古希腊谚语：人生最大的悲哀之一是，端起

---

1. 为"无物之物——刘春杰'鲁迅主题'艺术展"（南京乙观艺术中心，2022 年 11 月 19 日）写的"策展人的话"。展览名原为"无物之阵"，因故改为"无物之物"。

了枪却不知道敌人在哪里。

其实人生在世，我们经常——不免——进入这样的"无敌之阵"。个中原因异常繁复，可能是敌人太狡诈，都自行伪装和消隐了；可能是敌人太多，且都一式无异，让你无法分辨；也很可能，敌人就在你自己身上，或者就是你自己；更有可能，是所有这些可能性的叠加复合。

但你必须端起枪来。鲁迅在《这样的战士》中重复说了四回："但他举起了投枪！"鲁迅是更高明的，他没有说我说的"无敌之阵"，而是说"无物之阵"。一字之差，意义幽深了好多。

何谓"无物之阵"？鲁迅这时已经是尼采的鲁迅了，懂得了无物的虚无是此世本质，而举着投枪迈入"无物之阵"则是人生宿命。

"无物之阵"说到底是自然人类的虚无主义。在技术统治的人类世里，价值理想溃败，现实世界碎裂。无物存在，有的是无常的事态和无定的生活。这时候，每个个体都必须成为一个战士。

这才需要当代艺术。这才有约瑟夫·博伊斯的既高调又低调的等式：艺术＝生活＝战斗＝解放。

现在我想说，"无物之阵"是当代艺术的基本前提，也是人类生活的当代处境。在"无物之阵"中，艺术是每个人的，战斗是每个人的，虽然解放是未必实现的。所以鲁迅才会说，要有这样的战士——哪怕"他终于在无物之阵中衰老、寿终。他终于不是战士，但无物之物则是胜者"。抵抗虚无，这势必是徒劳的战斗，但虽败犹荣。

追随鲁迅，或者应着鲁迅，艺术家刘春杰成了这样一位战士。他持刀入阵，以鲁迅为对象，雕之刻之凿之，甚至毁之。刘春杰的鲁迅面容十分多样诡异——冷峻、黑沉、张狂、热烈、嘲弄、戏谑。这种变容之术属于艺术的解构，是当代艺术的基本策略。如果说刘春杰是一位战士，刀和笔就是他的长枪。

　　我们想用刘春杰的作品摆一个"无物之阵"。我们将邀来鲁迅，以及鲁迅背后的尼采。毫无疑问，他们都是举枪的战士。而你，就是下一个吧？

　　　　　　2022 年 7 月 15 日记于余杭良渚

末人形状 [1]

　　葛辉没有受过正规的艺术训练，跟我一样是"理工男"，却兀自走上了艺术道路。中国有人类历史上最庞大的艺术院校体系和职业艺术家队伍，令人喜悦，但艺术水准不一定就跟规模正相关。葛辉当然属于异类。异类就是不正规。但好像真的没有什么"正规"艺术。艺术总在出乎意料处，总是超出了日

------

1. 为葛辉个展"末人形状"（上海昊美术馆，2023 年 7 月
　　28 日）写的展览前言（"主持人的话"）。

常平均。要说造型，葛辉作品让人看不出特别高超的技巧。技巧是自然人类的比赛，但比赛技巧的时代恐怕已经结束了。

　　关于葛辉艺术，汪民安以"中性的姿势"加以定义，我认为极妙。通过各色夸张的肢体语言和语义不明的人物形象，葛辉以一种不无笨拙的方式，在有意无意间触及了技术统治时代人类的根本痛点——人成了"无个性的人"，无根无性无别的人。一方面，个体通过同一性技术被格式化，被无限夸大成同质化的普遍人和抽象人；另一方面，个体同时通过技术的还原和简化，被不断缩减，终成孤独单子。放大与缩小相叠加，遂成今日人类的"平均人"样态，是为"颓废"。这就是我们在葛辉作品中看到的那些形象，那些不阴不阳、不伦不类的人物。

葛辉作品中的人物是漠然无殊的，从里到外透出一种冷酷和无趣，真正合乎尼采关于"末人"情状的描写。"末人"即最后的人类，时下似乎也被叫作"后人类"。

谁是"末人"？在《查拉图斯特拉如是说》中，尼采让"末人"提出四个问题："什么是爱情？什么是创造？什么是渴望？什么是星球？"——"末人"如是发问时，眨巴着眼睛。"末人"是"最可轻蔑者"，因为"末人"再也不能射出渴望之飞箭，再也不能孕育任何星球，再也不知道爱情和创造，而只会不断地眨巴着眼睛了。

仔细观察葛辉人物的眼神，你会发现大部分是死鱼般的，仿佛有神，实则空无，也许都懒得眨巴眨巴了。现在问题依然，甚至变本加厉，爱情、创造、渴望、星辰，这一切已经不能触动弱感和无感的"末人"了，这种人不再要死要活，不再惊奇也不再令人惊奇。我以为，这正是葛辉式的"末人形状"。

葛辉艺术可谓"阴阳怪气"，他自己说是含着一种"娇羞"。我跟他说：可能"撒娇"更好。"娇羞"或者"撒娇"是一种什么姿态？葛辉平常喜欢强调"反抗"。但有一种"娇羞的反抗"吗？这是一个严肃的命题。其实"末人状态"是无法抵抗的，但艺术（或许还有哲学）必须摆出抵抗的姿态。这是一种"弱抵抗"，就像葛辉通过艺术传达出来的羞答答的自我保护式的撒娇。

2023 年 7 月 11 日记于杭州良渚

博伊斯与快乐的艺术[1]

在 1972 年第五届卡塞尔文献展上，当代艺术家约瑟夫·博伊斯（Joseph Beuys，1921—1986）为"公民投票直接民主组织"设了一个工作室，现场有一张桌子，桌子后面放置七块黑板，桌子上摆着一朵红玫瑰——据说，玫瑰标志着革命。博伊斯在这

---

1. 为"人人都是艺术家：约瑟夫·博伊斯"个展（深圳海上世界艺术中心，2023 年 4 月 2 日）写的展览前言（"主持人的话"）。

里跟学生和民众现场直接讨论全民民主。他由此提出了关于未来艺术政治的主张，其观念基础是人的创造力和个体自由。博伊斯相信，作为"社会雕塑"的艺术—政治事件，将触发政治经济和社会制度的变革。

文献展结束后，博伊斯回到他执教的杜塞尔多夫美术学院，而此时，他已经被北莱茵州教育部解雇了。博伊斯和学生们随即开展了抗议活动。活动期间他们经常说的一句话是"民主是好玩的"（Demokratie ist lustig）。好玩的是，全球艺术家开始声援博伊斯，博伊斯本人则向法院提起诉讼。直到1978年4月，博伊斯终于赢得了官司，得以恢复教职。博伊斯与学生们见面时，经常径直用"好玩"（lustig）一词打招呼。此情此景十分有趣。德语形容词lustig的意思很丰富，大致有：有趣的、好玩的、欢快的。

一脸阴郁的博伊斯，在艺术上却是相当有趣、好玩、欢快的。或者我们也可以说，在博伊斯那里，艺术是快乐的。

哲学家尼采有一本名著叫《快乐的科学》。科学何以是快乐的？尼采本人的解释倒是简单：这本著作"只是一种让自己快乐的感情洋溢的方式，能让人在自己头顶上有一片纯净的天空"。由于心情不畅和病痛缠身，尼采一生难得有快乐的辰光，故《快乐的科学》又被称为"康复之书"。在《快乐的科学》中，艺术与科学合一了，这种科学既不忧郁，也不只有严肃——是谓"快乐的科学"。

同样地，在博伊斯这里，艺术是快乐

的，或者说快乐正是艺术的目标。通过"社会雕塑"的概念，博伊斯赋予艺术以改变社会的使命，艺术就是以各种方式参与社会的改造。每个个体都是"解放者"，解放者的行动和转变是社会得以痊愈的途径。但"社会雕塑"同时也是"个体雕塑"，甚至更应该说，"社会雕塑"根本上就是"个体雕塑"。曾经患过严重自闭症的博伊斯，自然也深知艺术对于艺术家—个体的解放和疗愈作用。在一个后哲学和后宗教的时代里，唯有艺术，唯有扩展了的当代艺术，才最能激励个体的创造意志，让个体实现和确证自己。

因此，"社会雕塑"可以表达为一个总等式：艺术＝生活＝战斗＝解放。

是的，艺术是快乐的，不然就不是艺术

了，更不是当代艺术——因为人人都是艺术家，生活本身就是创造，而创造是快乐之源。

2023 年 4 月 10 日记于杭州

2023 年 6 月 25 日改定于余杭良渚

第二编

——

谁的手指？指向哪里？

普伦克斯的抽象世界 [1]

斯特凡·普伦克斯（Stefan Plenkers，1945——），德国当代著名艺术家，出生于班贝格，1967年起在德累斯顿美术学院雕塑专业学习，后师从艺术家格哈德·克特纳，此后一直作为自由艺术家居住在德累斯顿。德累斯顿是著名的革命之城和艺术之城。城

---

1. 为"普伦克斯的抽象世界"艺术展（上海本有艺术空间，2019年8月20日——10月20日）写的"策展人的话"。

市火车站入口处的纪念碑显示，德累斯顿也是1989年重大政治变革的主要发源地，让人感觉这个城市尚存瓦格纳时代的革命精神。而正是在1989年11月，普伦克斯遭遇了一场严重的车祸，差点丢了性命。所幸这位艺术家终于奇迹般地挺了过来。经历生死劫难的普伦克斯重新开始艺术创作，而画风大变，令人惊奇。

促使普伦克斯艺术风格转变的动因似乎部分地来自中国。1988年，普伦克斯第一次到访中国，参加"东德12个画家展"。此行使普伦克斯陶醉于中国书法和水墨，从此与中国、与中国艺术结下了不解之缘。此后这位艺术家多次来到中国。2003年，普伦克斯作为由当时的德国总理格哈德·施罗德先生率领的德国代表团的成员参与访问中国。

普伦克斯的前期艺术创作偏于具象和写实；在东西德统一以后，其画作上的"形"越来越简单，越来越偏向于几何抽象。在具象与抽象之间，在有形与无形之间，普伦克斯实现了一次突变式的风格转换，心力之强令人惊奇。另一方面，在普伦克斯后期作品中经常会出现汉字符号，常带有中国水墨的痕迹和神韵。在西方与东方之间，普伦克斯同样经历了一次心灵的高难跨越。

人世间总归是各种"之间"（Dazwischen），人始终处于不同的过渡、交替、两难、对立、悖逆中；对 20 世纪以来的人类文化来说，这种"之间性"尤显突出，人类前所未有地落入多维纠结的困惑。世间的之间性动荡不定，成了我们时代的基本处境，也成了今天人类标志性的精神性格。普伦克斯的抽象艺术可以为我们见证这一点。我们时代的艺术与思想，恐怕必得对时代处境和精神性格做出反应，虽然本身也难以定位，也难免恍惚，但终还会形成一种坚定不拔的重启力量。

焦小健近作中的诗性观念[1]

一

　　焦小健的近期作品令人惊奇，一是题域彻底打开了，什么寻常物事均可入画，不执不拘，自由飘逸，间或有放荡之感，似入无物之阵，这位艺术家被解放了，或者说解放了自己；二是诗性充分提升了，在他本有的

---

1. 为"夏秋之间眼睛那片蓝——焦小健绘画展·相遇策兰"（杭州良渚大屋顶美术馆，2019 年 9 月 1 日）所作。

抒情风格上平添了一道张力和对抗，而后者多半又是靠着色彩的狂野流动来实现的。我以为，焦小健终于走了出来，走入当代艺术的真实境域里。时至今日，无论具象绘画还是抽象绘画，作为艺术样式，或许真的像约瑟夫·博伊斯说的那样，已经穷尽了自身的可能性，这时候，诗性需要通过观念来解放，方可成就艺术。

至少就焦小健近作来看，这种诗性观念来自德国诗人保罗·策兰。焦小健为何突然关注这位远方的怪异的诗人策兰了？这不免给人突兀之感，但我想，这肯定跟他近些年的阅读和思考经验有关，或者，是受到了德国思想家马丁·海德格尔的引导和德国艺术家安瑟姆·基弗的启示？若然，焦小健就已经涉入一个令人紧张而又十分繁难的题域：

海德格尔—策兰—基弗—纳粹。其中的艺术、哲学、历史、文化的无穷纠缠足以让人崩溃，而关键的人物应该是诗人策兰。

自列奥那多以降，欧洲传统中的诗与画分隔久矣。而在 20 世纪诗人当中，恐怕没有一个诗人像策兰这样，对当代艺术产生了如此深远的影响。"策兰与当代艺术"已然成了一个有意思的课题。这里我们只需指出安瑟姆·基弗。基弗是一个"策兰迷"，他的创作经常直接从策兰诗歌中发起，如作品《玛格丽特》《苏拉米斯》取材于策兰名诗《死亡赋格》，更有致敬之作《白杨树——献给保罗·策兰》《乌克兰——致保罗·策兰》等。基弗甚至于 2005 年举办过一个献给策兰的艺术展。

焦小健的这次展览——我们差不多可以

把它冠名为"策兰的诗与小健的画"——是不是对诗人策兰的又一次致敬，而且是一位来自远方中国的当代艺术家的致敬？这是为何呀？为什么是策兰和策兰的诗？为什么要致敬策兰？或者也可以换一种问法：当代艺术为什么少不了诗人策兰？

二

策兰是 20 世纪最野蛮的诗人，因为他是被野蛮弄死的诗人。策兰出生于一个犹太家庭，父母死于乌克兰的纳粹集中营（基弗曾创作《乌克兰》），本人历尽磨难，战后定居巴黎，于 1970 年投塞纳河自杀，年仅 49 岁。当年策兰以《死亡赋格》一诗震动诗坛，被视为战后最伟大的德语诗人。策兰在最野蛮的时代里背井离乡，作为德语诗人，他却是一个母语不佳的离乡者。策兰曾经坦言，为了写诗，为了恢复母语语感，他经常去读海德格尔的思想著作。然而，这种阅读经验又给诗人平添了一种纠结和痛苦，因为海德格尔曾经亲近纳粹（虽然只是当了10个月的纳粹时期弗莱堡大学校长），而且战后未曾公开表达过忏悔。既有此种历史性的纠缠和阻抗，那么，到底是什么力量让两人相遇？

策兰是20世纪最分裂的诗人，因为他处身于一个断裂时代，他敏感的心灵预感了这种断裂。策兰母语经验的分裂只不过是这种断裂的表征。甚至策兰诗歌中的海德格尔要素，本身也是这种断裂的现象。对诗人个体而言，这种断裂是一场悲剧。一个母语不好的野生人写出了这种语言最好的诗歌，这是何种奇迹又是何等悲哀？

策兰的《死亡赋格》完成于 1945 年 5 月。重复着"死亡是来自德国的大师"的《死亡赋格》一诗只是法西斯批判和战争反思吗？当然不止于此。现在回望，我们发现这个时间点大有深义。是年 4 月的最后一天，希特勒自杀，几天后纳粹德国宣布投降；而在远东战场上还有三个月时间，日本法西斯才终于投降。世界历史从此进入另一个时代，一个世界和文明大裂变的时代。

我们设问：当代艺术为何少不了策兰？答案大概已经有了：因为策兰是一个离乡者，一个失语者，一个断裂者。因为策兰以诗人的敏锐洞见了由技术工业造成的历史断裂，因为策兰诗歌是欧洲启蒙理性彻底溃败的标志，也是自然人类世界经验和审美经验失效的标志。策兰悲叹了自然人类文明的崩溃；而对于技术统治的暴力和新技术世界，策兰惊慌失措，终未找到抵抗和自卫的力量。

正是在这种裂变的惊恐意义上，策兰的诗规定了当代艺术。

三

除了诗人策兰，可能还有同样热衷于策兰的艺术家基弗，促动焦小健走进当代艺术经验的要素是相当丰富多样的，我甚至在他的近作画面上看到了彼得·多伊格、大卫·霍克尼等当代艺术家的踪迹，还有我们本土传统绘画的痕迹（特别是他对竹和石等题材的引入和处理）。当代艺术是综合艺术或者说总体艺术，所谓综合艺术或总体艺术当然不只是材料上的综合，更应该是不同传统和风格的综合。不论中西古今，能入画者皆可为当代艺术元素，其标尺只有一项：能否表达和重塑当下的生活世界经验？

以上诸种元素，或者还有其他隐而不显的元素，在焦小健的近作中生成了一种魔幻和神秘的效果——我们是不是可以名之为"魔幻表现主义"？现实本来就是魔幻。事物本来就是神秘。焦小健精熟于大卫·弗里德里希以降的德国浪漫主义艺术传统，更具备海德格尔式的现象学思想背景，才有最近几年艺术上的深入挺进和自由境界。

魔幻而不失唯美，神秘而又抒情，是焦小健近作中最迷人的地方。

焦小健也尝试了当代艺术的介入努力。

有一幅题为《诗意的栖居》(2018)的油画,画的竟然是城市街头的一排监控摄像头。我以为,这个题目可以用于焦小健的任何一张好看的风景画,毫无违和之感,他却把它用在这里,着实令人错愕。这个标题对作品构成一种粗暴的干预,使作品形成了一种强烈的反讽张力,算不算成功?我们是不是也可以把它理解为诗与画的交互性呢?

四

焦小健的最新创作让我想到一个问题:诗与画到底有何种关系?如果说诗有"诗眼",那么,画有"画眼"么?两者可以相通么?画之眼就是诗之眼么?我宁愿相信绘画里的"诗眼"。诗是画的起源和本质。

这就又回到了诗人策兰，或者说，又回到了"策兰与当代艺术"这样一个话题上。我曾经深度迷恋于这样的诗句：

　　石头。
　　空气中的石头，我曾经跟随过的石头。
　　你的眼睛，就像石头般盲目。

　　我们曾经
　　是手
　　我们曾经把黑暗掏空，我们曾经找到过
　　词语，那从夏天升起的词语：
　　花。

　　花——一个盲人词语。

56

你的眼睛和我的眼睛：

它们

照看着水。

生长。

心墙拥着心墙

层层绽开。

还有一个词语，如同这个词，而锤子

在野外挥舞。

这是我自己多年前忍不住翻译出来的策
兰的一首诗，这首诗名为《花》。它断断续
续，不知所云，上气不接下气。它破碎而美
丽，就像我们这个世界。

观焦小健最近创作的画，我想到了策兰

描写的花。我甚至想说，谁看懂了策兰这首《花》，也就能读懂焦小健的新画了。

2019 年 7 月 28 日于贵阳花溪

谁的手指，指向哪里？
——关于焦小健 2020 新作[1]

去年 9 月 1 日，焦小健教授的大型个展"夏秋之间眼睛那片蓝"在良渚文化艺术中心开幕，我作《焦小健近作中的诗性观念》一文，尝试把这位艺术家近些年来的艺术创作界定为"魔幻表现主义"。我是认真的，现实本来魔幻，被解构的现实更趋魔幻，所以艺术必然表现。整整一年后，勤劳勇敢的小健

---

1. 为"谁的手指，指向哪里？——焦小健 2020 新作展"
   （杭州人可艺术中心，2020 年 9 月 1 日）所作。

又推出一批新作，母题和意境大不一样了，调性却基本一致。看今天这个展览，我似乎更有把握确认我去年给出的界定了。

去年是德语当代诗人策兰，今年是欧洲古典大师，还有中国古画，各种古今中外的混杂元素。创作意向更为繁复了，首先应该是传统的解构，或者更应该说，古今中西逻辑机制的解构。这是我们可以在画面上直观的。小健选取了欧洲文艺复兴时期两位大师的经典作品，一是丢勒的铜版画《骑士、死神与魔鬼》（1513）和《忧郁》（1514），二是米开朗基罗的西斯廷教堂天顶画《创世纪》（1512）。不论有意还是无意，小健选择的是欧洲南方艺术传统和北方艺术传统的两位代表人物。南北方艺术本身几成两个体系，个中严重的分野，我们这里按下不表。中国古典方面，小健主要动用的是五代南唐卫贤的《阐口盘车图卷》和南宋李嵩的《骷髅幻戏图》，或还有其他。小健用拼贴手段解构这些中西古典绘画（文艺复兴艺术与中国传统水墨），不是为了嘲弄和戏谑，更不是为了歌颂和礼赞，而是意在探究当代绘画的形式。用他自己的说法，这种新的释法能把古老画到当下，而且可以面目一新，既具象又抽象，既东方又西方。

当代艺术的"之间性"艰难处境由此得到表现。中国哲学界有一个流行的说法："打通中西马，吹破古今牛。"虽然近乎调侃和笑话，但确乎道出一个道理：近代以来古今中外的纠缠太久也太累，今天我们是不是可以放下了？哲学如此，艺术亦然。在观念上，小健这次的作品完全可以用上述哲学说辞来传达。对创造性的生活来说，当下境域和当代生活才是首要之事，而不中不西不古不今才是当代。这样的直奔主题的态度，我们命之为现象学；而这样的直接当下／当代的现象学，首先就是艺术现象学。

千万不能把小健这次展览上的作品看作简单的拼贴装置。小健完全不是一个喜欢搞怪的人物，而毋宁说是一位诗意饱满、心思沉重的艺术家。通过丢勒和米开朗基罗，通过《正版丢勒的忧郁》《续版丢勒的忧郁》《沉醉不知归路，误入藕花深处》等莫名的命名，这位艺术家向我们道说着一个《没有所指的艺术故事》。但没有所指，并非没有显示。

小健这些作品中经常出现的一个形象是手／手指。这手／手指首先是上帝天父之手。

在米开朗基罗的《创世纪》画面上，天上的上帝把手指伸向亚当，仿佛是创世神灵的传递，神人相通的瞬间。这手指非同小可，具有创世之神力。我本以为小健是别有用心的，有着特别的意义和设计，就去问他为何画面上经常出现此手，没想到他竟回应我：他曾经参观杭城米氏天顶画商业展，门票上印着这只圣手，他随手把门票丢在了汽车里，蓦然发现这就是一只普通的手，一只有所指示的普遍的手，仅此而已；他由此想到，古典精品一旦内容消失，新的可能性就会产生。——喏，依然是传统和古典的解构。

这当然没错。神性远逝，天父之手早就已经失去了创世造人的原初力量和拯救凡人的指引力量。手就是手，是人手。这时候我们也许应该想到丢勒。丢勒的《祈祷之手》

63

（1508）据说是他哥哥的手或者他某个朋友的手，总之不是神圣的手，而是一双凡俗个体的手。艺术史上恐怕没有人比丢勒更懂得手及手的意义。这祈祷之手粗糙嶙峋，坚毅有力，手势却谦卑而温柔，显示着个体内部的张力和冲突。

手是身体的重要器官，但很少被哲学家注意，也很少在艺术家那里获得重视。与此相关的是，人们向来只关注视觉和听觉，几乎不把触觉当回事。这本身是特别怪异的。手和触觉多么要紧啊！没有手，我们何以触摸他人和事物？没有触觉，我们如何感受世界？海德格尔甚至认为手不是爪子，手是人所特有的：只有会说话，也即会思想的动物才能有手，并且能在操作中完成手的作业。手的作业就是艺术作品（Kunstwerk）。反过来也一样可以说，有了手，人才能创作，才能思想。

限于被刻意放大的解构主题，焦小健这回主要关注和处理了天父之手。他的问题恐怕在于：当天父之手失去了神圣的指引功能，成了无所指的手指，这时候难道它真的就一无所指了吗？它还能指示什么？——就像出现在汽车座位上的米开朗基罗的手。我想补充的是，除了天父之手，除了圣手，还有丢勒的凡俗之手，个体之手。自然人类卑微而倔强的人手及它的指引，也是——也许更是——艺术要关注的。

谁的手指，指向哪里？这真的是一个问题。

2020 年 8 月 12 日于沪上同济

莫名之物[1]
——严智龙当代艺术展前言

从早先的《床》《春秋鸟》等系列，到前几年的水墨花鸟作品，再到新近的《莫名的世界》系列，艺术家严智龙的创作在不断进展之中。

《床》和《春秋鸟》系列以令人惊奇的

---

1. 为中国美术学院未来艺术研究中心、本有艺术空间主办的"莫名之物——严智龙当代艺术展"（上海本有艺术空间，2023 年 8 月 27 日—2023 年 11 月 27 日）写的"主持人的话"。

大红铺陈和简单粗暴的隐喻形象，抒写一种莫名而深重的本能冲动，表现一种隐晦的自然色欲。不论画家有无清晰的自我认知，观者自可以从中感受弗洛伊德式的生命规定，即自然中有一种生的肯定，也有一种死的否定，而两者又是在生命欲望中紧密纠缠在一起的。更早些时候，尼采把它规定为日神之梦与酒神之醉，以为好的艺术是亦生亦死、亦梦亦醉的，而自古以来，最好的艺术只有古典悲剧。这就向后世的艺术创作者提出了一种根本的拷问。

严智龙作品中的床和鸟意象大可深究。床是生死场所，是生命的诞生也是生命的灭绝。芸芸众生中好像只有人类睡在床上，我们天天上床和下床。床又是一个隐蔽之所，也算一种禁忌，因为它总是与生、死、性、欲关联在一起。鸟是一个更复杂的意象，它是古老的图腾，先民的鸟崇拜涉及阴阳两面，既指向阴性的生殖—创世崇拜，又指向阳性的男根崇拜。中国神话中鸟飞进了太阳，所谓日有金乌，故先民的男根崇拜又与太阳崇拜连接。

由此看来，严智龙早期艺术具有深厚的哲思性和神话性，不仅是情与欲的生命力感之呈现，更探入一个幽深莫测的神灵世界。严智龙围绕床和鸟的系列创作无疑是成功的，它们烙印了这位艺术家特有的鲜明风格。固化的风格有害处，艺术家却又不能没有风格。但长此以往——我曾经跟智龙说——就可能落入俗套，就可能失去艺术本身的变异性。无论是材料还是题旨，都需要有进一步的扩展。

严智龙是勤劳勇敢的。他的最新作品《莫名的世界》拓展了主题，进入了更广大的"动物世界"，他开始画蜻蜓、蜜蜂、蚂蚱等飞虫走兽，其动因和动机仿仿佛佛，尚不明朗，无以示人。但无论如何，在今天这个技术生活世界里，花鸟虫类正在加速湮灭，世界变得越来越抽象和疏离，这时候，艺术家需要用艺术方式研究残留于技术世界里不断衰败的自然之物——这正当代艺术大师博伊斯的教诲。

所谓莫名之物，不光是床和鸟，也不只是花卉飞禽。物之莫名，抑或物之神秘，是因为物是凝聚意义的载体，而如我所言，艺术的使命正在于创造生命与世界的神秘。

2023 年 8 月 20 日记于贵阳

圆实的时空
——关于当代雕塑的若干问题 1

很高兴参加今天的当代雕塑研讨会。我稍稍回顾了一下，这些年来我经常参与绘画和当代艺术方面的讨论，但好像还是第一次参加以当代雕塑为专题的会议。比较而言，即便在传统艺术样式当中，雕塑也是相对被边缘化了，少有展览也少有研讨，令人奇怪。

---

1. 2018 年 12 月 29 日下午在上海油雕院主办的"第四届雕塑学术系列展""超限——上海当代雕塑研究展"学术研究会上的讲话。根据现场录音文本修改整理。

是不是这样呢？也许雕塑艺术家们多半在忙着城市公园建设了？但我以为，雕塑艺术是特别值得关注的。所以这次会议主办方来邀请我，我说我可以参加的，主要是想来看看作品，听听艺术家们的想法。不过我真的是一个外行，没有对雕塑艺术做过理论探讨，看得也不算多。看了今天的展览，感觉相当不错，想讲几点。

今天这个展览，我想更应该说是一个当代艺术展览，把它叫作雕塑展恐怕还是不够的。而谈到当代艺术，在我们这儿还不免犹豫，争议的声音一直蛮多的。所以，仅就艺术观念的确立而言，当代艺术在中国恐怕还没真正开始，更谈不上结束了。

首先我想说，雕塑是最当代的，是最有可能走入当代艺术的。在传统艺术向当代艺术的转换过程中，雕塑得天独厚，转身很自然很容易，它本来就是当代艺术的一部分。如果说当代艺术始于杜尚的装置，成于博伊斯的观念，那么，这中间有一个特别重要的环节，就是贾科梅蒂的雕塑。我们知道，对传统艺术概念的质疑是从杜尚开始的。而贾科梅蒂的意义首先也在于质疑，质疑传统视觉艺术的当代合法性。今天是技术统治的时代，我称之为"技术生活世界"。今天在全球范围内，科学技术规定和塑造了人类的时空经验、审美经验、感知方式，等等，人群已经习惯于通过科学和技术去看世界、看事物，那么艺术还有什么意义呢？你用科技的眼光和方法做艺术，你用科技的看法看人与物，对吗？如果艺术只能技术地搞，那么还要艺术吗？如果人类都已经被技术搞成僵尸了，艺术还来帮倒忙，我们还要这种艺术吗？贾科梅蒂的动机多么清晰，他说：我们完了，我们不会直接看人看物了，我们只通过认识和概念来观看。他的意思是，我们的观看早就被技术化、被概念化了，已经没有直接的观看了。艺术必须有自己的"看"法，而且在这个普遍技术化的时代里，艺术的"看"法变得愈加重要了。正是在贾科梅蒂的质疑意义上，我认为，雕塑最当代，走在当代艺术的前列。

当代艺术何为？简单说，就是生活世界研究。用博伊斯的话说，是要从视觉—美术转向物质研究。怎么研究？当然不是用、不能用科学的方法，而是要用艺术的方式。就此而言，我们大致可以说，当代艺术是要以非科学—非技术的方式探究生活世界。但是生活世界已经不再是自然的，而是技术化的了。我们的生活世界已经脱离了自然状态，而成了由技术统治的非自然化的生活世界。你会说，既然有此巨变，既然今天已经是技术化的生活世界，那我们干脆就用技术方法来处理生活和生活世界，有何问题吗？为何还要有艺术？还要启动非科技的方式？这是因为人类现在还没有完全被技术化，还在一定程度上是自然人类，还希望用科学和技术之外的方式来反抗技术文明，节制加速进展的现代技术。

我们还是得问：当代艺术怎么来研究生活世界？我认为其中的核心问题是重建时空经验，即形成技术生活世界的时间和空间经验。时间和空间问题是哲学的基本问题，因为时空经验是世界经验的主体成分。生活世界变了，世界经验当然也变了，这首先意味着时空经验的改变。如果说传统文化是自然人类世界经验的表达，那么，被来自欧洲的技术工业改造过的现代世界已经生成了新的世界经验，而且还在不断生成中。在这种大变局中，首先发起时空之思的是19世纪中期的哲学家马克思，他第一个把时间和空间与人类的生产和劳动联系在一起；进一步是哲学家尼采，尼采哲学的至深动机是启动新的时间理解，这就是他所谓的"相同者的永恒轮回"，他更清晰地意识到世界经验的重构意味着一种新时空经验的产生；后来海德格尔也跟进，继续做了时间和空间方面的深度思考。我这里不能展开他们的玄秘之思，而只想简化我们的问题。时间经验和空间经验的变化是什么呢？我最近的想法：圆的时间与实的空间——合在一起，可谓"圆实的时空"。

以我的理解，现代哲学的基本任务是：破线性—计算时间观，启圆性时间观。进一步，现代哲学也开始了空间之思：破除几何—抽象空间观，启动具身空间观。时间是圆的，生活才有意义，不然活着没意思；空间是实的，这世界才有温度，才值得逗留。比较而言，"圆的时间"主要是一个哲学问题，"实的空间"则更多的是一个艺术问题。时间是圆的，而不是线性的，于是时间本身就具有了空间性，于是才有"时间空间化"和"实的空间"的问题。这就是当代艺术兴起的哲学背景和问题意识。

当代艺术在很大程度上还会被理解为造型艺术，而造型艺术的基本问题是空间问题。

空间不是一个空虚抽象的空间。古希腊的空间概念就不是空虚抽象的，亚里士多德说空间是包裹着物体的边界，而每个物体都有自己的边界，那么就有多样的空间。所以亚里士多德的空间是具体的、位置性的。只是后来，到了近代牛顿物理学那里，空间变成抽象的了，就是今天已成我们的习惯的长宽高三维的抽象空间。这是一个几何虚空的空间，海德格尔称之为"物理—技术的空间"。那么，非虚空的、具体的空间是什么？就是我现在坐在这位壮汉旁边感受到一种压力，因为他体形硕大又有气场，所以我有一定的压力，这种压力就是一种空间感；如果换一位妩媚的女子坐在一旁，压力就可能成了吸引力，这种吸引力也是一种空间感。这样的感觉才是具体的空间感，它在抽象空间之外，是无法测量和计算的。哲学要思入这种空间和空间感，艺术要揭示和创造这种空间和空间感。

看了今天这个展览，有了这样一些奇奇怪怪的想法，这些想法其实也含有我对自己的工作的一点反思，因为时空问题正是我最近正在写的一本书的重要问题之一。只是这个问题十分繁难。而时空问题之所以重要，是因为它牵连着一个根本性的问题，即：如何面对今天技术主导的生活世界？如何重建技术时代的生活世界经验？这不只是一个哲学问题，也是一个艺术问题。就像我前面说的，现代哲学和当代艺术都是以此为目标和任务的。

对当代绘画来说，综合是必然的[1]

很高兴参加今天的讨论会，现场有许多老朋友，也有一些新朋友。其实我也不知道要讲些什么。今天的主题是"山水城市"，记得前段时间也是在这里，我参加了一个主题为"花园城市"的会议。我们现在所在的地方叫"良渚文化村"，这是万科地产的一个巨大无比的项目，开发已经有 20 年了。我呢，

1. 2021 年 1 月 6 日下午在良渚文化艺术中心"山水城市综合绘画展"研讨会上的发言。

79

是几个月前刚移居此地的，不知道谁听说我也住在这里，是良渚新村民，就邀请我来参加"花园城市"研讨会。我就莫名其妙地来了，来了以后乱讲一通，他们就有一点生气了。我的大概意思是说，"花园城市"这个概念好假，名义上是要保护自然生态，其实是不可能的，因为你只要开发了，人群住进来了，这地方就不可能还有"自然"，还有原本的"山水"。他们听了就很不高兴，本来是想叫我来夸夸这个项目的。据说是一万多亩的山林，造了五千亩地的房子，听起来是蛮不错的。

当时发言时，我引用了陶渊明的诗句"归去来兮，田园将芜"。我们今天面临的问题表面上依然是陶渊明式的，但其实已经不是了。陶渊明那时候还好，当不了官了就隐居山林躲一躲。今天的问题是，这个田园，或者大地，或者自然，已经被技术工业完全改造了，已经完全是另一回事了。大地已经是受伤的大地，被蔑视的大地。人也变了，农民变成了文明人。像我们这样的农民进城以后成了文明人，就碰到了一个难题：去年在疫情当中，我住在上海城里，家里两个大人、两个小孩全不能出门，都闷着，我实在受不了了。我当时想，现代城市的整个设计是为了让人出去的，如果不让你出门那还叫城市吗？那就是农村呀！到四月中旬我就下了一个决定：不能待在这里了。于是我花了四个月时间，至八月下旬就移居余杭乡下了。但我为什么还要待在市郊，在离市中心几十公里的地方，而不是迁居真正的乡下？比如我的老家，绍兴会稽山里？原因很简单：我究竟还是离不开城市文明。住在城市边缘地带，装作隐居了，其实不可能，比如这次研讨会的主办方陈焰教授叫我开会，我就欣然来了。总之，今天我们面临的处境是十分尴尬的，人类整个处境都很尴尬了，已经没有原本的田园，真正的山水。因此，"何所归"才成了问题。

今天这个画展的主题是"山水城市"，我看了一下作品，好像也没什么山水画，但总体感觉蛮好的，管它合不合题。山水艺术是什么？山和水加起来就是土地、大地，它是自然的基本元素。中国有山水这个画种，欧洲是风景。我们经常愿意强调风景与山水在构成方式上的差异。实际上我觉得两者之间的差异与它们所呈现的意义相比并没有多么重要。山水也好，风景也好，在传统绘画里其实多半都是以山或水作界限的，不是山就是水。在塞尚那儿是这样，中国山水画也是这样。山水的边界没出来，画面上别的事物就很难形成一个境域或者一个景观，因为边界是事物开始的地方。所以山水在画面上肯定是先把这个山或者水，把边界线给显示出来。有了界限以后，事物才开始，才有事物的成形和生长。这个时候开始的东西，我们把它叫作"自然"。"自然"这个概念应该比大地要广大得多，因为"自然"指的是天地之间、生死之间、光明与黑暗之间，这个"之间"叫自然。

大地是什么？大地是山和水，但这个大地已经受到了毒害。土壤和水体已经被彻底污染了，人类的体液环境已经深度恶化，没有人可以逃脱。我经常讲的一个事实是，工业化国家的男人的自然生育能力已经大幅度下降了，原因就在于受化学工业导致的环境激素的影响，山水坏掉了。自然已经败坏了。对中国社会来说，大概最近四十年，我们进入了一个新的完全不一样的世界，不一样之处就在于山水已经被技术工业改造过了。这个时候我们要想一想，艺术还能干什么？——大地失色，自然颓败，艺术何为？

至于我们的生活世界，变化更为显然。我们的生活世界里已经没有自然的和手工的东西了。四十年前可不是这样的。1980年我进浙大，那时候我们的桌面上、屋子里的东西大部分还是手工做的器具，今天再去看看，已经完全没有了。手工的东西已经消失了，这个世界已经彻底改变，变成了一个高度抽象的世界。什么叫高度抽象的世界？就是周边事物失去了差异性或异质性，被技术同一化了。相应地，我们的生活世界经验也彻底改变了。世界变了，而你还没变，那你就有风险了，现在精神病患者是越来越多了，原因就在这里。这个世界的加速变化使许多人适应不了。所以今天的哲学和艺术都提出了一个相同的问题：我们还能干嘛？正是出于这个原因，我去年在疫情期间写完了一本新书，叫《人类世的哲学》，试图解答这个问题。这实际上已经变成了一个严重的问题，艺术与哲学要一起来思考这个问题。面对这样一个新世界——这个世界不再是自然生活世界，我愿意把它称为"技术生活世界"——艺术能干嘛？未来艺术的方向在哪里？我认为艺术的根本任务是维系人与自然的纽带。自然越来越被技术化了，如何来维系这种原本的自然关系？换句话说，如何保持自然与技术之间的一种可能的平衡？人类如果还有未来，这是一个根本问题了。我想也正是在此意义上，尼采会说"超人"的意义在于"忠实于大地"。

我最近这本新书主要关注这个问题，而今天来参加"山水城市"的讨论会，大概也是夹带着这样一个问题。到了现场，有人告诉我，今天主要讨论综合绘画。"综合绘画"概念实际上没什么好讨论的，当代绘画本来就是综合的。我一直愿意把当代艺术的开端定位于理查德·瓦格纳，此公在19世纪中叶就提出了"总体艺术作品"的观念。这个观念是先导性的，没有它就难以设想后面的当代艺术。瓦格纳当时没有径直说"总体艺术"，而是说"总体艺术作品"

（Gesamtkunstwerk）。当然他改造的是戏剧，对欧洲歌剧进行了一次彻底的改造，把戏剧、音乐、舞台、灯光、造型、诗歌这些元素全部糅合在一起，然后创造出了一种新的戏剧形式，叫"音乐剧"，也被译成"乐剧"。"音乐剧"在我们这里是一个比较低级的概念，但瓦格纳的"音乐剧"是所谓的"总体艺术作品"，是一个当代艺术的概念。

与之接通的是20世纪60年代的博伊斯的"通感艺术"。不过"通感艺术"实际上是一个神秘主义想法，说我们所有的感官是接通的，而不是彼此孤立和独立的。为什么我们要分成戏剧学院、美术学院、音乐学院、电影学院？这难道不是在制度上把人类感官都割裂开来了么？进一步在我们美术学院为什么要分成版画、油画、壁画、雕塑，等等？现在大概世界上也只有我们中国的美术学院这样分了吧？在德国的美术学院是每个教授一个工作室，没听说过这位是版画系的，那位是油画系的。所以这里面就有个问题，就是我们人为地以学科或者职业方式割裂了艺术。博伊斯说这是不对的，我们所有的感官是相通的，是连接在一起的，所以艺术各样式也是相通的。这个想法本身是神秘主义的。博伊斯接受了德国人智学哲学家鲁道夫·施泰纳的思想，认为我们现代人的感官已经被大幅缩减了，我们进入"弱感世界"了。本来人有十二种感觉方式，现在缩减到五个，而且在这五个当中，我们实际上只片面地强调视觉，以视觉为中心，连听觉我们现在也越来越不予重视了。因为只突出了视觉，我们就把视觉艺术推到一个最高的位置上。然而博伊斯是怎么说的？博伊斯说，帮帮忙呀，这样搞下去，艺术会完蛋的，艺术家会成为骗子的。因为在他看来，视觉艺术的样式，无论是具象的还是抽象的，其可能性都已经被彻底地消耗和穷尽了；要再做，就只能重复了。博伊斯的说法大致是：现在已经不可能再产生什么有意思的绘画了，因为它们已经堕落为一种形式化的表现。这话是不是过于绝对了呢？姑存一问。

我们问：当代艺术还能做什么呢？博伊斯的当代艺术概念是"扩展的艺术概念"，我以为，我们今天可能还得对他的概念加以拓展。再拓展之后的当代艺术，我愿意称之为"未来艺术"。它是对艺术的一次重新定向，即比博伊斯更明确地、更坚定地把艺术的方向设定于可能性和未来，它依然可以追溯到瓦格纳的理论著作《未来艺术作品》(作于1849年)。关于此题，我这里不能展开讨论。我想说的是，对今天的艺术来说，重要的首先是遵循博伊斯的教诲，要溢出绘画，溢出艺术，溢出就是满出来了；完成这一步之后，进一步，我认为是要把我们的目光转向对我们生活世界的关注，要参与对我们生活世界经验的重建。哲学也一样，今天哲学的使命也在于参与新世界经验的重建。哲学和艺术是我们人类经验的两种最基本的方式，如果它们还守着传统的自然人类的世界经验或世界经验尺度，如果它们不能帮助技术统治时代的人们重建生活世界经验，那它们有何意义，又有何用？当然我们每个个体都要谋生，都有功利的考虑，因此要服从和依赖体制，但这是另外一回事情。总之我想说，从"总体艺术"到"通感艺术",可以进一步拓展为"未来艺术",在此意义上,"综合绘画"这样的概念还是太小了,至少要说"综合艺术",是不是?

陈焰: 我们原来就叫"综合艺术系"。

杨劲松: 原来是想叫"自由艺术",然后许院长说,不行,不能用。然后呢后面讲"新绘画"行不行?新绘画也能够避免一些问题,但是也不行。如果我是"新",那么别人就是"旧"了,所以也不行。

孙周兴: 呵呵,我当然能理解。但无论如何,我们先要有观念上的解放。我很高兴地看到今天这个展览上好些当代性和实验性很强的作品,尤其是一些架上绘画作品,在样式、材料和观念上有大胆的突破。我觉得当代艺术最明显的两个特质，一个是观念性，另一个是行动性。没有这两条，恐怕难言"当代"。问题在于行动就是观念，观念就是行动。这一点需要多说几句。为什么观念就是行动呢？这一点实际上与20世纪的新哲学——现象学——有关。现象学最有意思的要点是把观念直接化，主张我们对观念即普遍之物的把握是不需要中介的，观念即普遍之物是直接发生的。我们此刻在此讨论，我在这里讲话，各位暂时听着什么或者没听什么，只是想着自己的心事，但都已经，而且正在构成许多"观念"。在当下真实生动的语境里，观念的理解和构成是自然而然的，不需要通过专门的理论和方法来达到它们，观念是直接地、无中介地被理解和构成的。这种直接性就是行动性，因为观念就是行动。

这当中有好多问题值得讨论，我们先打住吧。

多说一句：这个意义上的现象学与实存哲学（存在主义）结合，构成了战后当代艺术的前提。

当代艺术或者进一步的"未来艺术"是观念和行动的艺术。作为观念和行动的艺术，它首先指向社会，在博伊斯那里叫"社会雕塑"；但当博伊斯说艺术的主要任务是研究物质，研究今天这个被技术工业深度改造的新生活世界，这时候，实际上他赋予了艺术另外一种意义，另外一种使命，就是要关注自然和山水的问题。就此而言，艺术实际上有两个方向要关注，一是社会，二是自然。艺术一方面要通过行动改造社会，松动被技术加强的过于同质化的制度体系，从而为保卫个体自由作出贡献，另一方面则是要重新理解人与自然的关系，拯救和保存自然，简言之，就是自然性的挽留。在此意义上，艺术是整体性的，要通过创造完成转变，最后实现博伊斯所谓的"痊愈"。"痊愈"与否却不管，行动和创造是优先的。我就胡言乱语这些了，谢谢大家。

诗与画，以及中西艺术之间[1]

一、作为抽象艺术家和诗人的李磊：作为中国著名的当代艺术家，李磊尝试着丰富多样的艺术样式，他尤其是中国抽象画大本营——上海——的代表性艺术家；同时，李磊又是一位诗人，经常有诗作问世。李磊的

---

1. 在列支敦士登国家博物馆主办的国际学术论坛"云水间·李磊：诗作为视觉艺术的文化形态"（2020 年 9 月 14 日，中国与列支敦士登建交 70 周年纪念日）上的线上发言（提纲）。

抽象作品是富有诗意的，那是一种用色彩铺张出来的诗意。所以才会有这个命题："诗性抽象"或"诗意抽象"。

二、何谓"诗意抽象"？尽管抽象艺术放弃了对外在物象（内容或主题）的依赖，但毕竟还是造型艺术之一种。我们差不多可以问：诗意的造型艺术是如何可能的？几年前，我和李磊一起与德国当代艺术家吕佩茨（Markus Lüpertz）在上海做过一次对话。李磊在很大程度上与吕佩茨有接近之处。吕佩茨把自己的酒神艺术归于"抽象创作"，其抽象方式被论者称为"酒神颂歌的抽象表达"。

三、诗性的造型艺术：对于吕佩茨的抽象艺术，我在最近一篇文章里的设问是：酒神的造型艺术是如何可能的？这个有关吕佩茨艺术的问题与哲学家尼采相关，后者虽然把日神精神与酒神精神的二重性"交合"视为艺术之最，但仍然区分了阿波罗式的造型艺术与狄奥尼索斯式的抒情诗—音乐艺术。故所谓"酒神颂歌的抽象表达"实际上就可以与李磊式的"诗意抽象"相比较，两者都涉及诗与画之关系或者诗性的造型艺术问题。

四、诗与画：在艺术史上，诗与画的关系问题一直受到关注。达·芬奇给出了一个视觉中心主义——"视觉优先"——的回答：艺术家之接近自然，以眼为主，以耳为次，画家用眼，诗人用耳，所以绘画高于诗歌。达·芬奇所谓"眼为心灵之窗"，已经表明了绘画以"心—眼"关系为主轴，而在艺术效果上，则是追求"眼见为实"的认知真实。

五、视觉与味觉，以及其他感觉形式：中国文化传统中有没有"视觉优先"这个特征呢？好像也有，可能在历史上也有过。但有论者认为，在中国传统文化中，商周时期形成了以耳口通达内外的认知传统；先秦时期耳目之争最终耳占优势；秦汉时期耳舌相争最终舌占了上风，终于确立了"味觉优先"的认知取向。如此便与欧洲的"视觉优先"传统构成强烈对照。在艺术上看来，中国传统艺术可能更突出"品味"。

即便在欧洲—西方文化中，"视觉优先"的视觉中心主义也已经不断受到质疑，特别是视觉与听觉之间的关系已经——或者正在——得到重置和重构。这件事从瓦格纳就开始了，个中意味十分深长。而第二次世界大战之后的当代艺术更是要求重新理解和发动全部感觉样式，走向"通感艺术"。

六、中西之间的抽象艺术：李磊的抽象

艺术在诗—画之间，也在中—西之间。李磊早期艺术是纯粹主观抒情式的，性情上偏于自我锁闭，他甚至坦率而偏执地强调过所谓的"私密性"。"私密性"这种说辞在艺术上是有点儿犯忌的，可以做但不好直说。进入新世纪以后，特别是最近十几年来，李磊已经变了样，大约不会再公然倡导什么"私密性"了。从《天堂的色彩》系列作品开始，李磊实施了一次幅度极大的心灵突围，进而创作了他所谓的"人文山水"系列，特别是《忆江南》《意象武夷》《醉湖》等作品的完成，表明李磊的抽象艺术已经完成了一次精神蜕变。

七、通过山水接通地气／语境：抽象画如何可能成为"人文山水"？李磊通过"山水"这个中式概念和文人想象，试图从主观

99

自我一极退出，坐实于一个宏大而幽深的人文语境和生活世界，这样一种接地气的努力无论如何都是值得赞赏的。当代的和未来的艺术不一定从客观物象开始，不一定专注于对象世界，然而关注当下生活，从创作个体所处身的当代境域中不断地重启创造，这应该是艺术家的基本职责和使命。

自然的颓败与艺术的未来[1]

很高兴参加今天的沙龙，祝贺严善錞先生的展览开幕！严善錞先生是我特别尊敬的当代艺术家，他的艺术既当代又好看，要做到这一点是特别难的。但根据他的指示，我今天不必讲他的艺术，而是主要来讲讲"自

---

1. 在深圳坪山美术馆四季学术沙龙 | 春："生命的经验与艺术的土壤"（2023 年 4 月 15 日下午 2 点）上的演讲（提要），沙龙参加者有王霖、孙周兴、严善錞、刘晓都等。

101

然与艺术"这个宏大主题。这个主题却不好讲，下面我只能试着讲四点：

第一，古典的或自然人类的艺术概念。自然人类的生活世界是一个神鬼的世界，神的话语占据了文化世界的主导地位。轴心时代开启了哲学的理性话语，但神话—宗教的势力尚未退场，这事在欧洲—西方特别明显。在神话与哲学之间，艺术显然更偏向于神话。对自然人类来说，手艺/劳动是最重要的，古希腊人叫"艺术"（techne）。在这个自然生活世界里，自然物和手工物占据着主导地位。然而今天完全不一样了，比如在我们这个场景中，已经压根儿没有手工的东西了，全都是机械—技术物。

在古典的艺术概念中，艺术即手艺，就是手工劳动，总之是跟我们的身体相关的。

手艺即"模仿"（mimesis），中国人喜欢模仿古人，古希腊人喜欢模仿自然。模仿的意义在于"揭示/创新"，这就跟"真理"（aletheia）相关了，"揭示"意义上的"真理"就在于天地之间人文世界的建立。我认为，古典艺术的规定性无非这三条：手工＋模仿＋创新。

第二，当自然成为对象时，艺术就成了技术。笛卡尔把"自我"或"主体"凸显出来，物是"为我的"对象，事物的存在在于它成为我的对象，由此带来了巨大的物观和自然观之变，以及对象思维和对象化物理自然之生成。"自然"是一个概念性对象，不是自然发生的。这时候也出现了一个科学的理想，叫"普遍数学"（mathesis universalis），今天已经开始全面实现了。自然被表象为一个数学模型。

近代的艺术概念也相应地变了，艺术就是感知，知识论／理性主义宰治下的美感意识兴起了。感知即"表象"（Vorstellen），就是把事物视为我的对象。表象在艺术中叫"再现"，近代艺术于是变成了"表象—再现型艺术"。哲学上的主体哲学与艺术上的透视法是具有同构性的。简单说，自然成为对象，艺术实际上已经被赋予了科学的理想和目标，艺术走向了技术。

第三，今天我们已进入非自然的互联世界。对古典的自然人类来说，事物本身有它的结构，事物的意义在于它自己（in itself），所谓"自在之物"；对近代哲学来说，事物的存在在于它是"为我的"（for me），对我而言是什么，所谓"为我之物"；到 20 世纪又有一大变化，事物的意义在于它与我们相关联。在互联网尚未开始的 20 世纪上半叶，现象学哲学已经对事物进行了重新定义，生活世界被理解为一个个意义生成的关联境域，相互关联的事物在不同的境域中被把握。所以，对应于三种物观，就有三种关于世界的理解，即自然世界——对象世界——生活世界。必须看到，今天的互联世界是由技术工业造成的，马克思早就说过，因为技术工业，人类进入"普遍交往"的时代。

艺术观念也变了。20 世纪最重要的艺术规定性是表现，艺术即表现，表现即赋义，赋义即创造。连最简单的观看和感知行为都是赋义的行为，即创造的行为。创造行为的普遍性和每个个体的创造性，是当代艺术的基本预设。

第四，自然颓败了，未来艺术何为？技

术工业造成文明的断裂，我把它描述为从自然人类文明向技术人类文明的变局。今天我们开始讨论一个概念，叫"人类世"，意指人类在地球上的活动可以影响地球的存在和运动了。在生活世界中发生了一个巨大的变化，就是自然物和手工物隐退，技术物占据了主导地位。这是我所谓"自然的颓败"。今天到了一个普遍算法和普遍智能的时代。聊天机器人（ChatGPT）是普遍智能的一个突破性的步骤，一个非自然的数字世界和数字存在将构成未来技术文明的主体。

那么，艺术还有什么用？我们首先要记取约瑟夫·博伊斯的教诲，他说：视觉中心的艺术时代已经过去了，我们要从视觉探究转向物质研究。其次是艺术的政治赋义，如果艺术不能改变社会、改变生活、改变世界，我们要这种艺术何用？挂在墙上，有空看看，没空就算了？当然不是。艺术是每个人的行动、每个人的创造、每个人的改变。再就是哲学家阿多诺的主张：艺术只有作为抵抗形式才是有意义的。抵抗什么？人生需要各种抵抗，但根本的抵抗针对的是技术工业造成的人类生活同质化和同一化。

如果没有抵抗，我们就变成技术的猪，没有未来，没有个体。

第三编

———

圆性汉字与书法的当代意义

圆性汉字与书法的当代意义 [1]

今天下午的议题是"书法作为方法论"，这个议题不是太确当，会产生歧义：书法是方法论？何者的方法论？或者就是书法的方法论？但无论是"作为方法论的书法"还是"书法的方法论"，我其实都没资格来这里掺

---

1. 在"2019 书·非书的时代境遇与文化传承"学术论坛上的讲话（中国美术学院南苑报告厅，2019 年 10 月 12 日下午）。原载《书·非书——2019 杭州国际现代书法艺术节》，中国美术学院出版社，2020 年。

和。有朋友问我来杭州干吗，我说参加一个书法论坛，他说你可真胆大啊。我一看参加今天会议的代表名单，多半是国内一线的美术研究专家，比如范景中教授、邱振中教授、王南溟教授、沈语冰教授等。我一直觉得深入一个行业（专业）需要15年左右的时间，如果未入门而在门外乱弹，难免会有两个风险：一是所谈不着边际，属胡说八道；二是所谈只是重复他人，属老生常谈。这两种情况当然都难免让人笑话了。但这次王冬龄教授邀请我，其实是下了一道死命令，态度极为坚定的，我只好从命了。

下面我就少讲一点，以免让人笑话。比较方便和安全的办法是，提出几个问题，但并不答题。所以我就斗胆提出如下三个问题：一、我们可以说汉字是圆性的吗？二、汉字和汉语之变对书法意味着什么？三、当代书法如何参与世界经验的重建？这几个问题是我这最近感到困惑的，闷着不好，姑且提出来供大家批判和讨论。

一、我们可以说汉字是圆性的吗？

书法大概只有汉字文化圈才有，是我们的"国粹"（显然"国粹"之说也不妥）。欧洲人也写字，古希腊人甚至用同一个词语graphein来说书写与绘画，这至少表明在当时的古希腊人心里，"书"与"画"也是不分家的，"书"即"画"。但后来，好像欧洲人就不再把"书"这个活动当独立的艺术活动和艺术行业了。去年歌德学院北京分院有工作人员联系我，说有一位德国艺术家写书法，但不写汉字，而是写阿拉伯文之类的，特别想与王冬龄教授一起搞一个展览，让我当一回策展人，后来王冬龄教授不表积极，或者还有其他什么原因，竟未成事。我想这位德国艺术家是一位当代艺术家，算不上我们中国人向来设想的书法家，也不是说德国有德语书法了。

在自然人类文明状态下，识字的人都在写字，为何只有在我们汉字文化圈才有书法艺术呢？但这大概是一个假问题，人人皆知这是因为特殊的汉字和汉语。那么，汉字的特殊性到底在哪里？恐怕说法颇多，也可谓人言人殊，姑且不论。最近的一项神经电生理学的研究结论引起了我的关注，其中写道：

不同于绝大多数字母文字采用线性

方式表达信息，汉字词不但采用线性方式，而且在单字内采用二维方式来表达更多的信息。以英语为例，其使用字母类型以及字母的相对前后位置来区分单词（例如，dear vs. deer；dog vs. god）。而汉字则采用笔画类型以及笔画的空间位置组合来区分独体字（例如，玉vs. 王；土 vs. 干），在形成更复杂的汉字时，将多个独体字构成的部件或独立的部首按照一定的空间结构结合，以区分更多不同的汉字（例如，呆 vs. 杏）。[1]

这是一个有趣的结论，特别提请各位注

---

1. 参看周爱保、尹玉龙：《神经电生理学证明大脑加工汉字采用二维方式》，载《中国社会科学报》，2016 年 5 月 24 日。

意。作者的基本看法是：字母文字以线性方式表达，而汉字词不但用线性方式，而且用"二维方式"表达。什么叫"二维方式"？这个说法并不好，甚至有点莫名其妙，作者似乎也没有给出一个明确的解释。但作者接着又说，汉字"采用笔画类型以及笔画的空间位置组合来区分独体字"。这话已经给了我们一个暗示：汉字具有空间性。其实这样的暗示也还不够，我想放大胆子说的是：字母文字是线性表达，是时间性的，或者说是偏重于时间性的；而与之相区别，汉字是圆性表达，是空间性的，或者说是偏重于空间性的。

我最近几年里一直在思考时空问题，特别是"圆性时间"问题。"圆性时间"是我在尼采研究中提出来的一个表述，还没有想得特别明白，不妨在这里说个大概。我首先区分了两种时间观，即"线性时间"与"圆性时间"，前者是传统哲学和科学的时间观念，亚里士多德第一个把时间规定为"运动的计量"，这个规定延续下来，在近代物理学中形成了科学的线性时间观。概括而言，传统的线性时间观有两个基本假定：第一，时间是永恒的直线运动，是不可逆的"现在之流"；第二，时间是均质的，时间直线上每个点都是均匀的和同质的。但现在看来，这两个假定都是可动摇的。最重要的是，这种线性时间观令人恐惧，因为在时间的线性无限流失中，人人都是"旁观者"和"等死者"。所以为了挽救这种状况，（欧洲）自然人类就构造了宗教和哲学，宗教设定了一个无时间的点（超验神性），中断了线性时间的无限流失，而哲学则构造了一个同样无时间和无变化的形式抽象领域（先验形式），两者都可谓"永恒"。这就是所谓"超越"（Transcendence）的两种方式。质言之，线性时间观是自然人类精神表达体系的前提和基础。而尼采所谓的"上帝死了"则宣告了以线性时间观为基础的自然人类精神表达体系的崩溃。进一步，尼采开始思考"相同者的永恒轮回"，启示了一种非线性的时间观，我称之为"圆性时间"，以对应于"线性时间"。[1]

但我这里说的"圆性时间"与汉字特性有何关系呢？刚刚我说的汉字是空间性的"圆性表达"，接着又说到了现代哲学所思的与"线性时间"相对的"圆性时间"，这两者

---

1. 参看拙文《圆性时间与实性空间》，载孙周兴：《人类世的哲学》第三编第二章，商务印书馆，2020 年。

有关系吗？当然有。因为所谓的"圆性时间"其实就是空间化的时间，或者说是时间与空间合一的"时空"——海德格尔称之为"时—空"（Zeit-Raum）。[1]欧洲哲学文化已经开始自我反省，力图摆脱传统的"线性时间"观，思入一种"圆性时间"，即一种空间化的时间或者"时空"。相应地在思维方式上，欧洲哲学文化是从"超越性思维"转向了"关联性思维"。[2]这在以现象学为代表的20世纪哲学中已经得到了最有力的推进，我认为，这也

---

1. 主要可参看海德格尔：《哲学论稿（从本有而来）》，孙周兴译，商务印书馆，2014年，第442页以下。

2. 相关研究可参看安乐哲：《和而不同：比较哲学与中西会通》，温海明编，北京大学出版社，2002年，第51页以下和第111页以下。参看拙文《超越之辨与中西哲学的差异》，收入孙周兴：《后哲学的哲学问题》，商务印书馆，2009年，第106页以下。

是广义现象学最值得重视的成果。

我所谓的"圆性表达"也罢,"关联性思维"也罢,可能都暗示着汉字和汉语的根本特性,即上文讲的空间性,或者时—空一体性。这种特性是与中国古代的时空观相关的。已经有论者指出:

　　……从史料的记载来看,在空间和时间之间,时间的意义最初是依从于空间方位产生的。商代甲骨文卜辞中有四方风名和四方神名,但却没有四季的名称。……中国的时间观念则表现为与空间结构的契合性,它不是单向度的,而是循环性的。这使我们感到,在中国古代的时空观中,时间是依从于空间的结构而产生的,这使得中国古代的时间不是线性的，而是具有空间性的多向度的特征。[1]

中国古代的时间观不是线性时间观，这个结论恐怕是很严重的，需要作更深入的探讨和论证。这个结论的严重之处在于，如果中国古代的时间观是非线性的时间观，那么，我们大概终于可以理解了，为什么中国古代没有先验的形式哲学和形式科学（所谓"纯思"），以及超验的神性宗教（所谓"超验神性"）。[2] 我们知道在先秦时代定型的中国古代时空观被表达为"宇宙观"，"宇"为空间，

1. 参看李晓春：《中国古代时空观与道观念的演变》，载《兰州大学学报》，2015 年第 3 期。
2. 这正是我们不断地追问和争论"为什么中国古代没有科学？""为什么中国本土没有超验宗教？"等问题的根本原因。

而"宙"为时间，最经典的表述是："天地四方曰宇，往古来今曰宙。"（《尸子》）在词序上，"宇"在先而"宙"在后，故实为"空时"，而非欧洲式的"时空"。"宇""宙"是浑然一体的"宇宙"。

这种偏重于空间性的非线性时间观或者说浑然一体而未经分化的时空观表现于汉字中，成为汉字的根本特征，于是我们才可以说，汉字是圆性表达，是空间性的。我所谓汉字的"圆性表达"，大致包含着三重意义：其一是汉字具有空间性意义，或者说时空（空时）不分且以"空"（空间结构）为重；其二是蕴含于汉字中的时空经验是一种循环涌现，而不是直线运动；其三是汉字经验和思维重于圆通与互联，亦即上文提到的关联性思维，中国古人所谓"天圆地方"既是宇宙／时空经验，也是一种圆通的思维特质。

在线性方式与圆性方式之间，我们不能简单地判断孰强孰弱，孰优孰劣。必须承认，以线性思维和线性文化为基础的技术工业已经是今天全球的主导文化，而且我们分明看到了技术工业带来的福祉与风险。然而，同样在技术工业的催生下，关联性思维得以萌生，人—人互联、人—物互联、物—物互联——万物互联——的时代已经到来。此时此际，我们大有必要重审汉字和汉字文化了。

特别在20世纪的哲学批判中，西方—欧洲内部发起了对自身传统的批判，其重心和核心就在于对传统以线性时间观为基础的线性思维和文化的解构。西方哲学进入所谓"后哲学"阶段——用海德格尔的说法是"哲学的终结"。如何看待这种自我批判或者"哲学的终结"呢？我比较愿意接受海德格尔的思路：哲学的终结意味着哲学通过科学—技术—工业—商业而在全球范围内实现了自己的全部可能性；而这也就意味着，哲学终结／完成了。联系到我们讨论的线性思维，我们便可以说，线性思维和线性文化传统终结了，也就是说，它成了全面主导的思维方式和文化模式，而这同时也意味着其他（欧洲的和非欧洲的）思想方式和文化样式的可能性。

二、汉字和汉语之变对书法意味着什么？

这就引出了第二个问题：汉字和汉语之变对书法意味着什么？我们知道，中国现代文化的基调是哀怨的，哀于中国古代自然生活世界的断裂和外来技术工业文明的强势侵入。这种哀怨基调甚至波及对汉字和汉语的态度。五四一代知识分子对母语产生了深深的怀疑和忧虑，白话文运动和汉语拉丁化是最集中的表达。今天我们采纳的汉语拼音文案，只是当年中国知识分子发明的几百个方案中的一个而已。今天我们可以把汉语拼音化视为汉字线性化的努力，一种可敬又可悲的努力。像鲁迅这样脑子清楚的作家（汉语写作者）都不能幸免，也常常数落母语。这真是令人吃惊。如果说"语言是存在之家"，那么现代汉语这个"家"里却乱了套，一地鸡毛。

而同样令人吃惊的是，国人恢复对母语的信心主要靠的是现代技术。首先是汉字输入法的形成，这里需要提及两个人：林语堂和王永民。林语堂早在20世纪30年代就有了中文打字机的构想，于1947年研制了"明快打字机"，使用林氏创制的上下形检字法。这是中文输入法的最初形态，键盘共64键，每分钟可打50个字，其缺陷是重码率太高，也未及推广。1983年，王永民发明了五笔字型第一版的25键编码方案，其原理是将汉字拆解成若干字根，通过键盘输入字根的组合来实现汉字的输入。该方案使汉字输入法可直接使用世界上通行的QWERTY键盘[1]了，而且打字速度提高到了最快每分钟293字。

---

1. QWERTY键盘：又称柯蒂键盘、全键盘，是目前最为广泛使用的键盘布局方式，由克里斯托夫·拉森·授斯（Christopher Latham Sholes）发明，1868年申请专利。1873年，使用QWERTY布局的第一台商用打字机成功投放市场。

其次是汉字进入计算机。1975年，王选首次采用"参数表示规则笔画，轮廓表示不规则笔画"的方法，把巨大的汉字字形信息压缩存入仅有几兆内存的计算机里，这是汉字第一次进入计算机。王选接着研发汉字激光照排技术，成功从计算机输出汉字，1979年7月，第一张用计算机激光汉字编辑排版系统输出的中文报纸问世。汉字终于成为可在计算机上输入和输出的文字。

有了王永民的五笔输入法和王选的计算机汉化技术，汉字成为世界上输入速度最快的文字。这时候，国人对母语的信心才相对得到增强。20世纪的汉字和汉语史，可谓败也技术，成也技术。

汉字进入电脑技术系统（汉字技术化）应该是汉字和汉语经历的最大变化。另一项巨大的变化当然是中华民国时期开始的，主要在 1949 年以后由中华人民共和国政府主导完成的汉字简化运动，主要涉及异体字消除、字形和笔画简化等。[1] 汉字简化虽然现在

---

1. 把汉字简化运动视为中国共产党领导的新中国的一次运动，这恐怕是不够充分的。汉字简化运动始于五四新文化运动，兴于中华民国时期，成于共产党领导的新中国，它甚至跟国际共产主义运动有一定关系。1920 年初，钱玄同在《新青年》发表《减省汉字笔画的提议》一文。1922 年，钱玄同提出一套具体的汉字简化方案。1931 年 9 月 26 日，苏联为推动中国废除汉字改行拉丁化文字，在海参崴举行"中国新文字第一次代表大会"。1934 年 1 月，国语统一筹备委员会第 29 次常委会通过了钱玄同的《搜采固有而较适用的简体字案》。1935 年 6 月，钱玄同编成《常用简体字表》，送交国语统一筹备委员会，委员会通过其中的1230 字并准备推行。同年 8 月，中华民国教育部正式公布第一批简体字表。1936 年 2 月 5 日，中华民国教育部奉行政院命令，训令废止第一批简体字表。1949 年 10 月 10 日，新中国刚成立就组成了"中国文字改革协会"。1955 年 1 月 7 日，中国文字（转下页）

备受非议，但我认为同样是应合了现代化—技术化的根本要求，自有其合理性和正当性。

除了上述两项，我重点想讲的是对汉字和汉语经验来说具有重要意义的三个方面的变化。第一是汉语弱语法化，第二是译词全面占主导地位，第三是汉语词尾的丰富化。

第一，现代汉语的语法化只能被称为

（接上页）改革委员会和教育部联合发布《汉字简化方案（草案）》。1956年1月28日，国务院通过并公布了《汉字简化方案》。同年2月1日，公告废除1055个异体字。1964年，中国文字改革委员会出版《简化字总表》，列入总表的简化字共计2238个，简化偏旁14个。1977年12月20日，经国务院批准公布了《第二次汉字简化方案（草案）》，一度试用，但由于群众对该方案意见较多，不久停用。1981年11月，开始对上述方案进行修改完善工作，经国务院审定公布。至此，由五四知识分子发起、其间掺杂多样政治文化因素、历时60多年的"汉字简化运动"结束。

"弱语法化"。洪堡认为汉语是典型的孤立语（分析语），而不是像梵语这样的典型的屈折语。汉语不是通过语法范畴来联结句子的，"汉语的风格以其令人惊诧的效果束缚了形式表达的发展"。[1]自 19 世纪末第一部汉语语法著作《马氏文通》[2]问世以来，现代汉语已经完成了我所谓的"弱语法化"过程。汉语的几个传统"弱项"得到了某种程度上的"弥

1. 洪堡:《洪堡语言哲学文集》，姚小平编译，湖南教育出版社，2001 年，第 121 页。
2.《马氏文通》为清人马建忠所著，作于 1898 年。全书分十卷，卷一讲"正名"，为语法大纲；卷二至卷九依次论述各类实词和虚词；卷十是"句法"总论。该书把汉语词类分为九种，即名词、代词、动词、形容词、副词、介词、连词、助词、叹词；又将句子成分定为七种，即主语、谓语、宾语、表词、外动词、加词等。此书奠定了汉语语法学的基础。参看马建忠:《马氏文通》，商务印书馆，2009 年。

补"，主要表现在：1.系词（联系词）的作用开始变得越来越重要，主谓关系越来越显赫；2.词类界限进一步明确坐实；3.关系从句越来越发达；等等。这些都表明汉语越来越逻辑化，也即越来越语法化了，总之是越来越讲道理和规则了。但我认为，尽管有上述种种及其他变化，汉语的汉字根基未变，仍然是一种不具有形式语法的语言，现代汉语充其量完成了"弱语法化"。

第二，译词全面占主导地位，但令人惊奇的是，汉语基本用字不升反降。主要在过去一个多世纪里，汉语世界几乎移译了包括哲学、宗教、艺术、科学、技术、器物、日常生活等西方文化的全部内容，可以说欧洲文化的全部要素，我们学术语言和日常汉语中的"译词"占比越来越高，但常用汉字在过去几十年中降了不少。这充分表明了汉字和汉语的强大的吸收能力及对外来语的抵抗能力。不夸张地说，诸如"电视机""电冰箱""电脑""手机"之类的译名，都可以说是"天才的翻译"，在现代汉语中却似乎不知不觉地完成了。

第三，汉语词尾的丰富化。在西文汉译进程中，有一个现象特别值得我们关注，那就是汉语词尾的出现和丰富化。没有词尾变化一直被认为是汉语的一大缺失（如张东荪所言）。但在汉语现代化过程中，主要也是为了翻译欧洲语言的词尾，出现了一些汉语词尾，重要的有名词词尾"性""度""品"和动词词尾"化"等，比如名词词尾"性"是英语词尾 -ty，-ce，-ness 的对译；名词词尾"度"是英语词尾 -th 的对译；动词词尾

"化"是英语词尾 -ize 的对译。[1] 这些词尾的出现极大地改变了——丰富了——汉语表达，其深远意义尚未得到充分的体认和研讨。不过，从根本上说，汉语词尾的出现恐怕也没有改变一个事实，即汉语词类之间没有完整的形式转换规则体系。这也是我前面主张的现代汉语仅仅完成了"弱语法化"的理由之一。

上述五项内容是我凭自己的经验和思考能想到的汉字和汉语的巨变，大致可以表达为：汉字的技术化与汉语的弱语法化。那么，汉字和汉语之巨变——断裂性大变局——对

---

1. 参看王力：《汉语语法史》，商务印书馆，2003 年，第 16—17 页和第 100 页。特别值得关注的是现代汉语中名词词尾"性"和动词词尾"化"的普遍使用，发挥的效应令人惊奇。

书法来说意味着什么？我们总不能说无论汉字和汉语怎么变，书法永远不变吧？字已变，书不变？世界已变，书不变？

三、当代书法如何参与世界经验的重建？

这就有了我的第三个问题：当代书法如何参与生活世界经验的重建？这个问题是有预设的，即当代艺术具有约瑟夫·博伊斯意义上的"雕塑"和"介入"作用，亦即改造社会和生活的力量。作为当代艺术的当代书法自然也得有此预设。

对于20世纪80年代以来的中国当代书法运动，我关注得不算多，只有少量的接触和认知。国内最近几十年的书法研究和讨论广泛汲取现代思想资源，进展和收获值得赞赏，特别是在书画同源的本源论、身体现象学和德里达的文字学（原型书写）等路径中有所深入，目标之一就是要把书法艺术活动普遍化和崇高化。在我看来，这也是当代艺术的一个策略：先缩小再放大，如同博伊斯论素描，先说素描人人都会，每一个行动都可能成为素描，进而再来揭示素描的本源性意义。

当代书法面临的问题同样具有普遍意义：书法的本源性意义是什么？书法的现代性处境如何？书法如何当代化？所谓"当代化"，我想应该指进入当代生活世界，参与新生活世界经验之重建。这里我只从哲学角度斗胆提出几个问题，以求教于方家：

1. 如何确认世界经验的裂变，参与新生活世界经验的重建？在欧洲技术工业的全球扩展进程中，文明已经从自然人类文明进入技术人类文明，传统精神表达方式（宗教、哲学和艺术）衰落，技术生活世界经验正在重构中。第二次世界大战后兴起的当代艺术无非是这种经验重构的努力。那么，当代书法如何参与这一进程？如何在正在被技术化的生活世界里找到自己的位置，发挥自己的意义？或者简言之，书法对于今天的由技术支配的人类生活到底有何意义？

2. 如何突破书法的语义纠缠和语法限制，进入当代艺术的语用—行动之维？20世纪的新哲学——现象学——向我们提示了现象或事物的三重意义，即内容意义—关联意义—实行意义，简单说来就是现象或事物的"什么内容""如何关联"及后者"如何得以发动"。如果落实到书法上，我们差不多可以表达为书法的三个意义方向，即语义—语法—语用。"语义"是你写什么，"语法"是你怎么写，而"语用"是你怎么会这么写。传统书学的讨论可能主要局限于语义和语法，而较少关注语用之维。但我们必须注意到，对语用—行动意义的强调和显然，是 20 世纪新哲学和新艺术的最大进展。作为当代艺术的当代书法须进入这一维度。当代书法界恐怕不能停留在"语义封闭"和"书体打通"等实验上，而要采取更综合的和更深远的行动策略。

3. 如何发挥书法的圆性表达优势？在今天这个技术统治和技术加速的时代里，我所谓生活世界经验的重建，其核心命题将是克服和压降线性思维，唤起圆性思维和圆性表达方式。若然，书法——作为当代艺术的书法——必将在这方面发挥自己的无可替代的作用。我们看到，与西方现代哲学反思线性思维一样，西方现代艺术也试图接近和接受中国/东亚书法传统，借以反思自身的线性文化传统，但结果是很快就把书法抽象化了。而在我们前面描述的现代汉语"弱语法化"进程中，同样发生了把书法抽象化/线性化的故事。所幸汉字和汉语的方圆性质尚存，所幸技术世界在扩张线性思维的同时也为其他思想样式创造了机会，特别是19世纪后期以来的思想，已经开启了非线性思维的前景。就此而言，作为独特的文字视觉艺术，书法大有可为。

世界变了，汉字变了，书法也变了。在世界的切换中，书法恐怕最能表现艺术创造的基本逻辑：在过去与未来之间保持张力，一边追忆，一边创造。

王冬龄的行动书学[1]

很高兴参加今天的研讨会。本来昨天晚上想写几句，结果喝了点酒，回去就睡着了。今天研讨会主要还是艺术圈的朋友，哲学界来的人不多，我可以先代表一下，对王冬龄先生的创作六十年的展览表示祝贺！刚才看了王冬龄先生的巨大展览，有几件作品是

----

1. 在中国美术学院主办的"书法的当代性与未来性——王冬龄书法研讨会"（2021 年 10 月 16 日上午）上的发言。

1961 年的，他刚上大学时写的，是我即将出生的年份，与之对照的是今年（2021 年）刚写的几件作品，同样的内容，同样的书体，相隔六十年的作品并置展出，十分有意思。我刚才在现场开玩笑说：六十年了，好像没有什么长进嘛。

我自己在艺术上是外行，跟书法也很遥远，不会写，也说不出什么来。前一次参加书法研讨会，也是王冬龄先生邀请的。我在会上大胆讲了一个主题："圆性汉字与当代书法的意义"，其中提出三个问题：一、我们可以说汉字是圆性的吗？二、汉字和汉语之变对书法意味着什么？三、当代书法如何参与生活世界经验的重建？问题是书法与汉语世界经验的重建。包括书法在内的中国传统艺术样式能对今天和未来的汉语世界经验的重建有所贡献吗？如果不能，那它的存在意义就是可置疑的。从标题可见，我是门外乱弹，回头想，实际上对于任何艺术样式，都可以这样发问的。不过这一次既然来了，还得接着乱弹，我想来讲讲"王冬龄的行动书学"。

本次展览的题目"从头开始"特别好。"从头开始"含有两义：一是"重启"，二是"从头"。这不是玩词语游戏，我认为这两点正是当代艺术的基本规定。"重启"本来是实存哲学／存在主义的此在（人之存在）规定，或者说是"实存"（existence）的本义。我一直把现象学和实存哲学／存在主义理解为当代艺术的思想基础和观念前提。如果没有这个基础和前提，当代艺术是难以设想的。所谓"重启"，就是说每个自由的个体的本质在于不断地重新开始，这是人的规定性所在。

这样一个诉求的提出是因为在制度面上，尤其在技术统治的时代里，个体已经越来越难以重启了，越来越被规则化和同一化了。我们需要有这样一种艺术的力量来重启，这就是当代艺术的基本要求。当代艺术不是说搞笑，更不是什么阴谋，它实际上是以20世纪人文科学为基础的。当代艺术表达了在技术工业越来越固化的技术生活世界里的抵抗要求。约瑟夫·博伊斯的当代艺术活动与存在主义运动、学生运动搅在一起，这是当时的整体社会反应。

其次是所谓"从头"，也可以指向当代艺术的规定性，因为当代艺术具有明显的观念化/哲学化倾向，所以是"从头"而来的。"从头"而非"从手"而来，这是当代艺术完成的一大变化。但是对于作为观念艺术的当代艺术，我们需要有一个确当的理解。这就又要回到哲学或者 20 世纪人文科学上来。从方法论上讲，20 世纪人文科学最具推进意义的是现象学和语言学，这两者同时走到了同一个点，而这个点恰恰是当代艺术的点位。现代语言学展开了语义、语法、语用三个维面，我们看到从胡塞尔到海德格尔的现象学也有类似的进展，比如海德格尔就把"现象"的意义分为"内涵意义""关联意义"和"实行意义"三者。要用我们习惯的套话来说，就是"内容""形式""行动"三义——无论是现象学还是现代语言学或语言哲学都是如此。胡塞尔现象学强调"关联意义"，即事物 / 现象的意义取决于它在何种语境中以何种方式被给予我们，这对"超越性思维"的欧洲哲学传统来说已经是一个大突破；海德格尔进一步要追问"关联意义"是如何发生的，在他看来，要是没有人的实存行动，这种"关联"的"如何"是不可能完成的。另一方面，海德格尔承接胡塞尔本质直观学说，破除"本质／观念"与"实存／行动"之分隔，以及相应的传统哲学的心—身二元论，认为观念就是行动，哪怕最简单的感知行为也不简单，也是赋义行动。这种对"观念"的直接化和行动化为战后当代艺术提供了观念前提。

根据上述两项来看，王冬龄先生无疑是"从头开始"的艺术家典范。首先，他一直在"重启"，这不但指他不断变换样式和材料，什么都会，到处乱书，而且也指他的每一件作品的创造，每一件作品都是一次创造性的重启，都需要一种革命精神——以他77岁的年纪实属不易，令人钦佩。其次，恐怕更重要的一点是，他赋予书写以观念性和行动性，从而使书法真正成为当代艺术。

　　套用现代语言学的三分法，我们看到中国现代（当代）书法的三维革新：语义（内容）—语法（形式）—语用（行动）。这种革新的前两项多半以"解构"为主，但指向第三项即语用（行动）维度。即便解构也并非消极，而是对传统和源始意义的"居有"和"重启"。王冬龄先生在上述三维革新中均有推进和创获，可谓中国当代书法的"行动派"。他的"书—非书—乱书"恰好对应了"语义—语法—语用"或"内涵—关联—行动"的意义三维。王冬龄先生的"非书"之"非"是何种策略？我宁愿认为它是一种解构，但这种解构不是纯然破坏性的，而是在书—非书的差异化交织中的行动。

王冬龄先生的书法实践经常会受到质疑和批判，网络上甚至出现了一些不好听的谩骂之词。我们可以忽略恶意的攻击，一些人不知道或者装作不知道世界变了，而艺术需要与时俱进。如果不从书法艺术的当代性与未来性问题出发，人们当然理解不了王冬龄先生不断进取和变化的艺术探索。如今，王冬龄先生甚至从书—非书—乱书推进到了VR书法——我们是不是可以称之为"虚书"？书法在王冬龄先生手上越来越"虚化"了，它应合了技术生活世界的"虚拟化"进程么？

　　虽然艺术不需要定名，但我仍愿意把王冬龄书法称为"行动书学"。王冬龄先生的"行动书学"是当代艺术的一个样式，而不是传统书学，也不能被理解为西式抽象艺术的一个新样式——那是不够的。

书者、学者和行者
—— 关于刘彦湖新作展

『行动的意义』[1]

艺术家刘彦湖教授邀请我这个纯外行来做他的书法新作展的策展人，其动机和原因不甚明了。但我想他终究不是乱来的，更不是要捉弄我，估计也不只是出于好心，要为我提供一次学习机会。我假定个中原因主要在于，最近几年来我不务正业，旁敲侧击，译和写了一些有关当代艺术的文字，有机会

1. 为刘彦湖教授书法展"行动的意义"（宝龙美术馆，2019 年 11 月 8 日）写的"策展人的话"。

时也喜欢厚着脸皮乱讲，而刘彦湖君已经下了狠心，要把书法搞成当代艺术了。于是才有了这样一个令人发笑的组合。

据我的观察和猜度，刘彦湖在当代艺术（书法）上的努力是蓄谋已久的。此公旧学功夫极深，其学养已经超出了我的清晰判断和评估的范围；他在书法上更是五体皆通，且仿佛已经自成一体了。旁人有此评价，他自己也是知道这些的。一般书者有了这等资本，大抵是可以戴金佩玉，优哉游哉了。偏偏刘彦湖不是这种穿大褂、摇芭扇的"国学骗子"。要我说，刘彦湖是一个天真的和真诚的书者、学者和行者。

作为书者，刘彦湖已经突破了书法的形式语法的范限，这就是说，他已经进入书之化境，可以自由地书写了——而自由书写难道不是书法的本源之义吗？再者，刘彦湖的学者身份使他能够公正地打量和研判传统，从世界艺术史和人类文化史的角度来审视和体察书之意义；尤其难能可贵的是，他对世界当代艺潮和思潮保持着高度开放，而且极为敏感，观察人世之裂变，深知这已经是一个自由生动的、语义漂移的世界，而书者必走出一步，实现对书法语义的解构。在刘彦湖近些年来的创作中，我们不难看到，这种解构工作是靠着多半具有反讽和戏谑意味的对置、拼贴、重复等疏异化方式来进行的。

完成上述两步，刘彦湖就行至当代艺术之境了，因为突破语法和解构语义，正是作为当代艺术的书法的前提性步骤。

对书者身份的刘彦湖来说，这当然是冒险之举。总的看来，书法界对当代艺术的态度令人气馁，保守者居多，书者一有变异之心和革新之举，马上就会招来非议，甚至引来谩骂之声，仿佛书法可以与世界之变和文字之变无关似的，又仿佛当代艺术是书法的一大克星似的。这是为何呀？我想主要原因在于，大家都愿意把书法当作中国（汉字文化圈）独有的国粹，要好好保存和保护的，尤其要防止当代艺术的野蛮侵入。殊不知书法才是最当代的艺术！——因为当代艺术本质上是观念艺术，而在林林总总的艺术样式中，写字造型的书法难道不是最直接地贴近观念的么？

书法之所以是最当代的艺术，还在于书法是行动的艺术。这话听起来难免有点问题：我一方面说当代艺术是"观念艺术"，另一方面却又说当代艺术是"行动艺术"，这话对吗？当然没错。如果说"什么"是内容（语义），"如何"是形式和关联（语法），那么我们要追问的是，这两者是如何被发动起来的呢？——只有通过行动。行动意义优先，这本来就是20世纪思想的最大共识之一。落到我们的书法上面，令人遗憾的是，我们好像永远只会谈"修身养性"，却很少把"修"和"养"理解为实际"行动"，更不能理解"行动"的"意义"。我想，是时候了，我们得把书法看作最行动的艺术。若然，我们便可确认书法的当代性——作为"观念艺术"和"行动艺术"。

刘彦湖是一个"行者"，虽然他心思属水，平常行止如湖水一般沉稳，不卑不亢，波澜不惊；但我以为，水也有"二重性"，刘彦湖从物理学到古埃及学，转身成就为一位书法大家，表明水性也可能是一种革命性。这种被掩饰的革命性是刘彦湖艺术中最内在的要素。只有在跟人讨论艺术时，只有在他的书和印中，刘彦湖才会透露出这种战斗精神。而刘彦湖已经在书法语法—语义—语用——如果可以套用当代语言学的术语——三维度上开展的书写变革行动，明显是一种深谋远虑的总体艺术实验了。

我们完全可以期待，作为"书者"和"学者"的刘彦湖成为一个更豪迈的"行者"，一个当代艺术的"行动主义者"。

2019 年 10 月 1 日记于弗莱堡—慕尼黑

关于龚鹏程的文人书法[1]

龚鹏程先生是我最佩服的当代文人，其博雅通达之学识，时常让我赞叹。初识先生是在一次关于民间艺术的研讨会上，听他一席话，我还以为他是专业研究地方民艺的。后来有了较多的接触，也读过他的一些文章，得以领略其宏富浩瀚的学问思想。以古希腊

---

1. 为龚鹏程教授书法展（上海本有艺术空间，2019 年 12 月 29 日）写的展览前言。本次展览由寒碧担任策展人，本人担任学术主持。

153

人的说法，龚鹏程先生可谓"全能精通"的"高手"（technikos）。当今世界行业专门化，遇见"高手"就是十分稀罕的了。

以龚鹏程先生之见，当代书坛之不济，主要也是因为书法的"专门化"或者"职业化"，由此丢失了最本真和最根源的文人性。为抵御现代书法的各色流弊，龚鹏程先生近些年来积极倡扬"文人书法"，以为只有后者才是书之正道。他的论证其实只有两条：一、不学无术，何来书法？二、没有文人，何以书法？这两条十分凶猛，应该已经得罪了不少业内人物，但这难道不是天经地义的道理么？龚鹏程先生为人儒雅，而行文直接，从不怕事，真正彰显直指事物的"文人气"。

最容易引发争议的，恐怕是龚鹏程先生

对"现代书法"的批判。什么行为书法，什么拼贴书法，什么书法装置，这些花样在他看来都是有害于文人书法和书法本体的。我们看到，在当代书法实践中，确实出现了不少"去书法化"的行径，其意义和成绩是有待审查的。虽然我是当代艺术的拥护者，也并不反对书法领域里真诚的当代艺术实验，但我同样愿意赞成龚鹏程先生的这个基本质疑：文不通，字不识，则何来书法？毕竟书法是文字的艺术。

　　书法当随文字之变，也得应合于人心之变。但毫无疑问，如果没有了对文字的知觉，没有了对文脉的感应，书者当然不会有书心书道，也不可能启动对当代生活世界的介入性经验。归根到底，我理解龚鹏程先生含而不露的意思是：摆花架子没用，有本事出来练练？

　　——所以，我还是赶紧打住吧。

　　　　　　　2019 年 12 月 27 日记于沪上

相是什么？缘何而变？[1]

本次展览的主题"相变"，是参展艺术家之一蔡枫教授的提议。当时是在杭州的黄龙饭店，我与策展人寒碧兄一起，跟林海钟、蔡枫两位艺术家讨论他们的展览计划。对于蔡枫的这个提议，大家一致表示赞同，没有话说——观念先行，现代人本来如此。

然则何谓"相变"呢？当时匆忙之间，

---

1. 为"相变——林海钟／蔡枫双个展"写的"主持人的话"。

大家其实未予深究。要知道通常所谓"相变"并非艺术语言，而是一个物理化学的概念，指不同物态（如固相、液相、气相）之间的相互转变。如今艺术家来讨论和处理"相变"，是何意思？是几个意思？

汉语的"相"从"木"从"目"，本义是在高树上远眺。想来古人也是可怜，从树上下来不久，刚刚有个人样，还经常得上树放哨，看看有没有敌人和其他危险来临。就这么登高"相"与"望"，后来衍生出好多个意义。中国古人若此，古希腊人又何尝不是如此呀？古希腊人的动词"看"和"视"叫idein，也就是"相"和"望"，相应的名词则演化成了大名鼎鼎的idea［形相、理念］，约等于汉语里的"相"。可见人心趋同，心思的道理相差不远的。

不过，汉语的"相"之语义是殊为复杂的。如若按照词类加以区分，盖有动词、名词和副词三项：其一，动词的"相"有两义，首先为"视"，所谓"相，视也"（《尔雅》），"相，省视也"（《说文》），其次为"辅佐"，就是帮帮忙啊；其二，与之相应地，名词的"相"也含有两义，首先是"样子—相貌—形象"，其次是"辅助者"，诸如首相、丞相等；其三，副词的"相"，即"交互—彼此—相互"。大抵如此。

那么，当我们这里说"相"和"相变"时，我们说的是何种含义的"相"呢？首先当然指动词"相"的第一义（"视看"）和名词"相"的第一义（"形相"）。"相"既是动作"视"和"看"，也是这个动作的结果，也即看出来的"样子"和"形相"。一句话，

"相"是"视"又是"形"。

但事情还不止于此。"相"及"相变"之所以复杂，还因为它与"象"纠缠在一起。"相"与"象"是一回事吗？好像是，又好像不是。如若与西文相对照，"相"大概就是希腊文的 idea［形相、理式］和 eidos［种类、形式］，而"象"则是 phainomenon［现象］，可见根本也不是一回事。

以近世哲人海德格尔的解释，希腊文 phainomenon 的意思有两个：一是"现象"，即"就其自身显示自身者，公开者"；二是"假象"，即"看上去像是的东西"。[1] 如此看来，似乎"相"偏于静和定，而"象"重于

----

1. Heidegger, *Sein und Zeit*, Tübingen, 2006, S. 28–29.

动和变。这与汉语中的"相"与"象"有所区分。《周易·礼记》有言:"在天成象,在地成形,在人则为修为而已。"这一天一地,简直是把"相/形"与"象"对峙起来了。就古义和本义而言,汉语的"相"大体偏于显性和外表,而"象"重在隐性和内涵。可我们也不妨设问:这种含义上的分别后来保留下来了吗?"相"与"象"到底是何种关系?

何谓"相变"?落实到林海钟和蔡枫的作品上来,我们也得问:何谓"相变"耶?这次展览的两位艺术家,一位国画家,一位油画家,他们俩的"相变"还不得不牵扯到"相"的副词词义,即"交互—彼此—相互"。中西之间,"相"有异同,"相变"各有轨迹,近世也有交互发生之势。

何谓"相变"？首先无非是说"看法"不同。千万不能以为"看"或"视"是恒定的，是亘古不变的。爬在高树上的古人的"相"与趴在电脑桌前的今人的"相"，怎么可能同一？在历史长河中，尤其在欧洲—西方的历史中，"看"或"视"无非有三个类型：一是温情脉脉的归属性的"看"（即所谓"模仿"，就是希腊人的 mimesis）；二是咄咄逼人的占有式的"看"（即近世西人所谓的"透视"）；三是交互—关联式的"看"，简言之就是"互看"，"互看"乃基于彼此吸引和牵连的相互规定。这三种"看法"就是西式的"相变"了。

中式的"看法"或有不同，大抵只有师法造化一类的"看法"，却没有发展出西式的占有欲极强的"看"，而毋宁说更多地接近于

162

所谓的"互看"了。

何谓"相变"？其次应该指"视相"之变异。"看法"不同，看出来的东西——"视相／形相／物相"——自然也会有一些歧异的。这就是名词意义上的"相变"了。在西方的"相变"逻辑中，与"看／视"之变相应相随，也有"物相三变"，即古典的自在之物——近世的为我之物（对象）——现当代的关联之物。中式的"视相／形相／物相"向来比较恒定，但近代以来，也面临着接受外部刺激而引发的巨变，无论作为"看／视"的"相"还是作为"视相／形相／物相"的"相"，都面临着"相变"。

欧洲当今的哲学似乎更关注"象"，遂有"现象学"新潮。而其中的"现象"到底是什么，至今也还众说纷纭。若取海德格尔的说法，则"现象"是三义复合体，为"内容意义""关联意义"和"实行意义"三者之结合，即"现象"不光是"什么"（Was），也是"如何"（Wie），后者又包括"如何关联"和"如何实行"两项。万物互联，人物牵连，行动优先——若无人在世行动，则何来"现—象"呀？在此意义上，我们似乎可以说，传统欧洲哲学只重视"什么"，即"内容"意义上的恒定"相态"，而未及"相变"——"相变"才有"象"和"现—象"，这时候也才需要"现象学"。

说来话长。这一回，我们把国画家林海钟和西画家蔡枫的罗汉并举展览，意向明确，意在追问中—西之间、古—今之间无比繁复和纠缠不清的"相变之道"，追问"相"与"象"的历史性关系及当代表现。

问题或可表达为：相是什么？缘何而变？艺术中的"相变"是何种"现一象"？中西之间，"相"何以交互？"相变"有何异同？古今之间，"相变"有何踪迹可寻？何以"现一象"？

我们刚刚在巽汇艺术中心举办的当代艺术家王广义新作展"通俗人类学研究"，涉及不同种族"面相"的艺术—政治探索，而今林海钟／蔡枫两位艺术家的双个展以"相变"为主题，关乎中西艺术之"相"和艺术语言的异质性及其交互渗透，更关乎当代生活中越来越被技术格式化的视觉之变和视相可能性。——我只好说，把这样两个展览放在同一时段来做，我们是故意的。

2019 年 4 月 28 日记于成都

没有山水，江南何在？[1]

刚才赵丽宏老师说他是今天会场上唯一的一个外行，我觉得不对，我才是唯一的外行，因为他是诗人，诗与画总归还是在一起的。我是研究哲学的，大家知道哲学跟艺术一直以来都没有良好的关系，经常是敌对的关系。胡晓明教授刚刚提到我跟他一起在中

---

1. 2019 年 7 月 14 日下午在苏州美术馆主办的"三生长忆是江南——海上名家姑苏诗意作品特展"研讨会上的讲话，根据录音稿整理。

国美术学院上课，这是真的，不过我在那儿讲的是艺术哲学，主体还是哲学。

首先我要祝贺苏州美术馆和策展人张立行先生，这个展览做得很好。我自己虽然不是艺术圈里的人，但也帮着做过几个展览，不过还没做过这么宏大精美的展览。本次展览名为"海上名家姑苏诗意作品特展"，为观众拉出了江南（海上）绘画的一条线路，从16位近代大师到11位当代杰出的艺术家。另外，本次展览的展示方式也特别好，比较活泼，不拘泥。唯一的问题是把"江南"搞成了上海和苏州，这是成问题的。我只好希望张立行先生在杭州一带也搞一个类似的展览。我是浙江绍兴人，我们那儿也是江南的主要组成部分。

我特别注意到今天参展的11位当代国

画家的作品，给了我一个出乎意料的感觉，这些作品区别于前辈大师的作品，具有鲜明的当代感。中国绘画要传承下去，必须成为当代的，成为当代生活经验的一部分，如果我们江南的艺术家，我们上海的艺术家，都没当代感了，那在中国就别谈了什么当代艺术了。海派艺术一直以来都是当代感很强的艺术，比如上海大概算是抽象艺术的大本营，这已成一种新传统。

在来苏州的路上，我跟寒碧兄一起讨论"山水"，谈了一路，实际上这跟今天这个展览也有一点儿关联。寒碧兄在主编《山水》杂志，是这方面的行家。我只是在哲学面上，这些年也在思考诸如此类的问题。江南有山水，我老家绍兴有山有水，南面是山，就是会稽山，背面是水，就是山阴，南面最高的山应该超出 1000 米。可以说，绍兴才有真正的"山水"。所谓"山水"，我想实际上有两个概念，一个是自然的山水，另一个是艺术的山水。一个多世纪以来，特别是最近 40 年来，自然的山水在中国渐渐消隐了，隐失了，无论在物质层面上还是在心灵层面上，自然的山水都慢慢退了下去。今天我们的生活世界已经跟山水没有多少关联了，我们在日常生活中已经难以碰触自然生活状态下的手工物件。这个实际上是今天最大的问题，人类已经进入一个技术化的和抽象化的世界，所有事物都被造得一模一样了，在这个抽象的世界里生活，我们的感知和经验就经常会落空，变成一种空虚漂浮的经验，因为我们已经无法结实地、稳靠地把握住事物了。这时候我们的精神就开始恍惚了，心思不安不定，我想这就是现在精神病患者越来越多的主要原因之一。据说我国人群中有精神和心理疾病的患者已占到人口的 17.5% 了，蛮可怕的。一句话，自然的生活世界转变为技术的抽象世界，好多人一时转不过弯来，还在用旧世界的尺度衡量新世界，就难免不正常了。

自然的生活世界或者说作为自然的山水退隐以后，作为艺术的山水怎么办？艺术的山水是不是同样退隐了，也失掉了根基？我想这是我们现在最关心的问题。我不会认为山水艺术以后就没有意义了，但这确实已经变成一个问题了，我们如何来确认艺术山水对于今天变异了的世界的意义？它的当代意义何在？今天的艺术也好，哲学也好，其他文化样式也好，如果它们对今天的生活世界经验没有什么贡献了，它们当然就失去了意义。我认为，关键是要落实到这样一个问题：如何对当今生活世界意义和经验的重建作出贡献？

今天艺术圈里和艺术圈外，大家还在怀疑、纠缠和担忧当代艺术，有人说当代艺术是胡闹，有人说当代艺术是杂耍，有人甚至说当代艺术是美国的阴谋，等等，十分可怕。我认为，除了极少数别有用心的人物，人们多半是对当代艺术没有真切的理解。当代艺术这样伟大的文化样式，居然在我们这儿莫名其妙地被反复误解和质疑。为什么会这样？至少部分原因是我们少有深入的学习和真正的探究。比如说，我们谈论了三四十年的"当代艺术"，当代艺术真正的开创者和奠基者约瑟夫·博伊斯的唯一一本著作却一直没有被译成中文。这事是不是有点搞笑？这本书叫《什么是艺术？》，我这次请上海大学的韩子仲博士把它译了出来，中文世界终于有了这本重要的当代艺术文献。我相信，人们只要读了博伊斯的这本书，就能理解什么是真正的当代艺术了。

我这里当然不可能展开讨论博伊斯。以我的理解，当代艺术最核心的精神是两个概念，一个是"抵抗"概念，另一个是"回归"概念。当代艺术首先是一种抵抗技术工业的努力，技术工业造成自然生活世界向技术生活世界的转变，这种转变是一种断裂，它的明显标志是第二次世界大战结束之际的原子弹爆炸。当代艺术的真正开展正是在二战以后，其时，加速进展的现代技术把我们的世界变成了一个抽象的世界，个体被同质化，技术工业加固了本质主义—普遍主义的同一化机制。在这个抽象的世界里，个体是难以承受生活的。我认为当代艺术的意义就在这里，它恰恰是要构成一种抵抗的力量，用一种奇异的方式实现创造，使我们的生活世界变得不一样。

另一个概念是"回归"。所谓"回归"不是要复古，不是要虚构一个美好的过往时代，以此来贬低和诋毁当代的文明状态和生活世界。这就是说，回归不是逃避，反倒是介入，是要介入正在渐渐失落和变异的自然生活世界，以取得对技术世界的平衡和节制。这原是一种自然而然的要求。

如果没有这种"抵抗"和"回归"的力量，艺术就不会有生命力。博伊斯的教诲是，我们要从传统绘画和抽象绘画的命运如何如何这样的争执和讨论中退出来，转而去关注我们今天的生活世界，去研究今天被技术所控制和统治的物质世界，要去追问：这个世界到底怎么了？我们关于生活世界的经验到底怎么了？这个世界以及关于世界的经验有哪些基本的构成要素？

可见我关于当代艺术的理解是十分宽广的，或者说在我看来，高度个体化的当代艺术本来就是普遍的。所有的艺术样式都可能是当代艺术，我们的山水绘画当然也可能是当代艺术，不过有一个前提，就是它能够达到我们讲的"抵抗"和"回归"这两项要求，对我们今天生活世界经验的重建有所助益。

我愿意认为，这是艺术和哲学要共同面对的问题。没有山水，江南何在？当我现在这样发问时，我的问题有两个：1.山水的当代意义；2.艺术的当代精神和未来使命。门外谈艺，只是给自己提问而已。

用手工的方式倾听
器物的意思[1]

蒋马祥说要跟我读书，研究"当代柴烧艺术"。我起初对此事深感困惑，一个"烧窑师傅"需要搞研究么？所谓"柴烧"，无非就是用木材烧制陶器。我在会稽山农村长大，记得乡下是如何烧窑制作砖瓦的，按说是自古以来自然人类的一项手艺活，没什么稀奇的。当然我也知道，要烧好一窑砖

---

1. 为展览"相非相·蒋马祥陶瓷柴烧艺术"写的序言。

和瓦，并非易事，经常会出现失败倒霉的情况，白白浪费了柴火。烧制砖瓦不易，陶器当然更难了。故乡会稽山是古越陶器的发源地，眼下已被发现的越窑遗址有几百处。历史上延续不断的越窑，自然都是所谓"柴烧"了。

马祥做的却是"当代柴烧艺术"。加上了"当代"和"艺术"，是不是就高大上了？自从19世纪后期电气化时代开启后，自然的柴火已经无关紧要了，虽然我老家的乡民，还有不少至今还在用木柴烧饭。但现在，对大多数人类来说，重要的是电火。制陶行当也有相应的变化，如今更多的是电窑和气窑了。然而，无论国内还是国外，都有艺术家开始做"柴烧艺术"了，据说已经成为一种潮流。马祥也在其中，人说他已经是我们国内相当有影响力的"柴烧艺术家"了。

当代的柴烧艺术，我接触不多，见过马祥的部分作品，也听他讲过一些柴烧和柴烧的故事。马祥的作品，我总感觉奇奇怪怪的，如若以传统美学的标准去看，当然是难言"好看"的，倒是经常有几分粗鲁和狰狞——当代艺术不是为"好看"而来的，而是以"奇异"为目标的。而就"奇异性"而言，马祥多半是做到了。此外我敢确定的只是，既然当代艺术拆除了物的边界限制，不再有材料方面的讲究，什么都是可以用来做艺术的，那么，"当代柴烧艺术"自然是可以成立的。

进一步的问题恐怕在于，为什么要做柴烧艺术？它是纯手工的，仿佛完全阻隔了技术手段。但除了电气化，今天人类甚至已经进入了数字化，我们离手工的世界已经十分遥远了。这时候我们反而要来追问手工的意义。当代艺术大师约瑟夫·博伊斯一方面质疑传统艺术（手工艺术）的规定性，认为人们把手工劳动成果中的佼佼者标榜为"艺术作品"实在是理由不足，而另一方面，这位大师又号召我们借助手工的态度倾听一块木板的意思。什么叫用手工的态度倾听一块木板？我理解他的意思，占据支配地位的科技的方式并不是唯一的，我们还有其他方式接近事物、理解事物，比如以手工的态度。

于是我们可以确认柴烧艺术的基本意义了。依然套用博伊斯的话来说，那就是：用手工的方式倾听器物的意思。这里的器物由土造成，蕴涵水气，以火烧制，终成好物。

若然，柴烧艺术仿佛也取得了一种特殊的重要性：它可能成为博伊斯所讲的当代艺术的"物质研究"。

2023 年 5 月 25 日记于杭州良渚

第四编

———

姿态比结果更重要

博伊斯的艺术概念与精神遗产[1]

黄韵奇：对大部分观众来说，这场展览并非一个容易"进入"的展览。在此时、此地做这样一个展览，有没有希望能够达到怎样的观看效果，获得怎样的观众反馈？

孙周兴：没错，这是一个不直观、不好

---

1. 2023 年 5 月 10 日接受 Artnet 资深撰稿人黄韵奇的微信和电话采访的记录。采访主题是当时的展览"人人都是艺术家：约瑟夫·博伊斯"（深圳海上世界艺术中心，2023 年 4 月 2 日），本人任该展览的学术主持。

懂的展览，我想有两个方面的原因。一方面，当代艺术本来就是多义和歧义的，因此当代艺术作品难以理解是正常的。另一方面，我们观众的鉴赏习惯和美学趣味需要改变，如果还是按照传统美学（特别是和谐论美学）的观念来看当代艺术，那么就难以"进入"今天这个博伊斯展览。博伊斯的当代艺术观念也要求改变作品与观众之间的关系，观众不再是静观者，而是参与者和介入者。或者说，当代艺术作品是未完成的，观众的介入也是作品的一部分。

我们这个展览名为"人人都是艺术家"，这是博伊斯的一个著名口号，也是当代艺术的人性理解，每个人都是自由的创造性个体，生活就是艺术。我认为，后疫情时代需要有博伊斯的口号这样的艺术精神，这也是我们举办本次展览的基本动机。

黄韵奇：您认为博伊斯的作为"社会雕塑"的艺术，这个主张在当下是否依然有效、有意义？尤其是艺术是政治性的、要解决问题的这方面。

孙周兴："社会雕塑"是博伊斯所谓"扩展的艺术概念"的基本点。它有两个重要的理论预设：第一，社会整体是人创造的；第二，艺术能够改变社会。艺术能够而且必须雕塑社会。我认为这个主张今天依然是有效的，是我们对艺术的一个正当要求。艺术不是挂在墙上的东西，不是——不只是——美术馆和博物馆的事，而是动态的，是个体的行动、创造、解放，也是对社会整体的改造和雕塑。

在这个意义上，艺术必然是政治的，或

者说艺术是政治的实现方式。我们知道，古典时期的哲学家就赋予艺术以政治的意义，比如柏拉图和亚里士多德，他们都对艺术提出了一个道德主义的要求，认为不利于城邦公民教育的艺术都是坏艺术。柏拉图甚至主张要把这种艺术家驱赶出去。但当代艺术的情况不太一样，当代艺术的政治性是非道德的或者非道德主义的。

黄韵奇：如今新兴艺术家的概念艺术有很多围绕个体与自我的方法论展开创作，尤其在进入了数字及虚拟领域之后，逐渐呈现出或是虚无主义，或是刻板的、同质化的赛博极化想象。

孙周兴：你这个问题很麻烦，也是今天特别迫切的一个问题。今天的世界现实跟博伊斯时代已经十分不同了，今天这个数字时代和数字世界（互联网、大数据、人工智能）是在博伊斯死后才开始的。这也就表明，当代艺术的处境已经不一样了。这时候，艺术家更可能关注个体的意义，也就是你说的"个体与自我"。而对数字时代越来越虚拟化的现实，艺术家的反应也无非两种，一是确认虚无主义，并且采取抵抗新技术的姿态；二是欢呼技术，采取技术乐观主义的态度，人们尤其对赛博格（Cyborg）即人类与电子机械的融合系统满怀期待。

对于最近大家谈得最多的 ChatGPT，就是聊天机器人，人们多少都有点恐慌了。为什么？因为人工智能又实现了一次突破性的进展，而且这一次对于自然人类的存在大有灭顶之灾。我没有夸张，很显然，一种"普遍智能"（全球脑）将——或者已经——消灭个体。艺术家如何反应？这确实是一个问题。

黄韵奇： 您认为博伊斯的"扩展的艺术概念"在数字化的今天，有着什么样的实践路径？如何看待博伊斯留下的丰富的精神遗产？

孙周兴： 博伊斯所谓"扩展的艺术概念"是对传统艺术概念的改造，意义重大。它打破了传统艺术的边界设定，把艺术还原为每个个体的创造性行动。在一定程度上，当代艺术的兴起本身是对技术世界的一种反抗，因为现代技术是现代同一性制度的加强力量，也是个体同质化趋势的推动力量。博伊斯去世已经快40年了，而这三四十年恰恰是广义数字技术加速进展的时代，人类生活世界发生了惊人的急剧变化。但当代艺术的基本逻辑依然有效，这个逻辑的核心是艺术政治和保卫个体。这是博伊斯留给我们最主要的精神遗产，值得我们在新的时代语境下给予批判性继承。

至于你说的实践路径，我一时真说不上来。但我想，面对今天人类新的存在方式，或许我们可以称之为"数字存在"方式，我们还必须有一种"数字艺术"样式，它将有非具身性（非自然性）和虚拟性的特性。博伊斯一直强调艺术必须转向"物质研究"，从根本上说，虚拟现实也还是一种物质形式。

黄韵奇：这次展览中有很多印刷品及现成物，如何处理保持展览的严肃性、所传达信息的准确性及展览的可理解性之间的平衡与挑战？

孙周兴：许多观众进入这个博伊斯展，都会生发类似的疑虑和问题。这个展览多半

是印刷的图片和文献，少有通常意义上的
"作品"。这与博伊斯艺术创作的特点有关，
他的一些行为艺术是没有"原作"的，除非
用影像记录。他的一些著名的装置作品未出
现在我们的展览中，这当然跟我们能动用的
资源有关，我们这次借用了上海昊美术馆的
有限藏品，虽然已经是亚洲最多的博伊斯作
品了，但我们的选择终归是有局限的。于是
就会有你提出的问题。但另一方面，博伊斯
艺术本身就意在破除传统艺术的规定性，也
包括传统艺术的展陈方式。我们在参观这样
的展览时，可能无法采用传统的艺术鉴赏方
式和美学标准，而必须要有当代艺术的想象
和理解。

黄韵奇：如何在今天的语境下看待"人
人都是艺术家"？有人认为，人工智能技术的

发展解放了、打破了艺术家的创作门槛，而另一种观点主张，人工智能消解了艺术的严肃性、原创价值，并使得大量同质化的工业品挤压了稀缺的原创艺术表达的空间。

孙周兴：人工智能是最近一些年的新技术，它在加速发展中，正在形成我称为"普遍智能"的全人类统一心智。我认为最近大家热烈关注和讨论的 ChatGPT 是"普遍智能"的关键步骤，已经到了相当高的水平，它已经超越了每个个体，成为凌驾于人类之上的"怪物"。事情变得越来越棘手了。马斯克最近已经建议：暂停 ChatGPT 研发半年。但这个建议有点搞笑，为什么是半年？真的停得下来吗？马斯克大概理解不了，只要主权国家在，主权国家之间的利益纷争在，那么国际科技竞争就是不可避免的，也是不会停息的。这一点马克思早就看透了。

我们必须看到包括人工智能技术在内的技术的两面性，它同样表现在今天的艺术创作和艺术活动中。一方面，技术解放了人类，使人类得以脱离手工—体力的局限和限制，甚至在很大程度上放大了人类智力，就此而言，技术给予今天人类越来越大的自由度，使人类进入马克思所说的"普遍交往"状态。这是技术的解放作用。但另一方面，技术特别是数字技术正在构造一个同质化的人类存在状态，一个"数字牢笼"，使个体的个体性和差异性受到严重的伤害。在此意义上，技术又意味着个体自由的丧失。我们不得不忍受这种矛盾状态，而艺术的处境也得在这种二重性中得到理解。

在普遍算法和普遍智能时代，艺术变得

越来越难了。在自然人类状态下，艺术家从事手工创造，要说原创，也是基于小数据的，可以说是自以为是的原创，看到你没做过，他没做过，于是我以为我做的就是原创。但现在是在数据时代，原本自以为是的原创不再成立，创造的难度变得越来越大了。这是人类面临的一大困境。

然而，反对技术同一性，保卫个体自由，这仍然是艺术的根本使命。原创的艰难恰恰表明艺术将变得越来越重要。在今天和未来的数字技术同一化进程中，异质性的艺术将发挥更大作用，这也就是说，我们越来越需要艺术了。

黄韵奇：博伊斯在艺术创作中所追求的"超越艺术"的目标，在您看来是否已经达成？为什么？

孙周兴：就"扩展的艺术概念"来说，博伊斯当然完成了自己的目标，已经超越了艺术。因为他破除了传统的艺术概念，系统地阐发了当代艺术的意义和规定性；他唤起了个体的创造性和介入性；他赋予艺术以神秘主义的色彩，形成了一种新的艺术世界观。凡此种种，都表明了博伊斯艺术观念和艺术创作的成功。我想，博伊斯的根本教诲就在于告诉我们：艺术是每个人的，是每个个体的行动。

　　然而艺术又是不可超越的，或者说艺术超越是无穷尽的，类似于"乌托邦"，是不可能最终完成和彻底超越的。博伊斯的弟子、德国当代艺术家安瑟姆·基弗提出过一个十分有趣的意象：艺术家是一个"持续的没落者"，他永远得不到他想要的东西，"他始终只能围着酒罐转，当他要接近酒罐时，他就像恩培多克勒那样掉进去了"。[1]基弗这个说法特别好，你休想一劳永逸地搞定艺术。

1. 基弗：《艺术在没落中升起》，梅宁、孙周兴译，商务印书馆，2017年，第247页。

艺术的本质在于创造奇异性 [1]

记者：孙周兴老师，您好，非常感谢您接受我们的采访。您上次在西安美术学院的讲座内容主要从哲学物性理论的角度分析了艺术的存在方式，物的概念决定了艺术概念，进而讲述了当代艺术从"视觉探究"到"物质研究"的转变。请问您的"物性"理解在如今强调艺术家主体性的时代里会有何种表现？

---

1. 2019 年 11 月 2 日接受西安美术学院学生的访谈。

孙周兴：我在上次的讲座中比较简单地整理了西方从古典到近代再到现当代三个阶段的物的观念，讲解了三种物的理解和物的概念，以及与之相对应的西方艺术史三个阶段中艺术的规定性，最后部分重点讲了当代艺术。就当代艺术而言，博伊斯认为在现今时代，传统再现性的、具象的艺术（尤其是造型艺术）和形式抽象的艺术样式这两个方向，作为视觉艺术的可能性已经慢慢耗尽了。所以当代艺术要从对视觉的讨论和探究转向物质研究，也就是要转向对人类现实生活世界的关注。不同于早期自然哲学对物质世界的关注，当代艺术尤其注重对现实生活的关注，强调"参与""介入""改造"我们生活的世界，这是当代艺术的使命，在这个意义上可以说，当代艺术比其他文化样式更具力量。如今我们面临的问题是现在的生活世界已经被技术、工业加工改造了，如何来对这个被改造的世界做出反应呢？这时候你就能发现这与传统的具象艺术、抽象艺术是不一样的，但无论如何，艺术要进入生活世界探讨，这个方向是明确的，因此艺术需要采用新的创造方式和新的经验可能性。

记者：您描述了西方文化史上物概念的变迁。是否塞尚把自然中的物体看成圆锥体、圆球体等形体的时候已经开始关注哲学问题了？

孙周兴：塞尚用几何体来表达自然，可能与当代艺术还有所不同，他的艺术依然是现代主义艺术的一部分。我认同塞尚对传统绘画方式的改变，他对物象不稳定性的传达具有开创性的意义，但这也不是他独立完成的，可能还没有必要把他的艺术与当代艺术的哲学含义联系起来。

记者：海德格尔在他的早期著作中提出"形式显示"的概念，想请老师解释一下这个概念及其对于现象学绘画研究的意义。

孙周兴：你跳跃得够快的。"形式显示"是前期海德格尔的一个现象学概念，或者说是他这个时期的现象学方法，学界已经有很多讨论。按我的理解，海德格尔当时面临这样一个问题，即对于不断流变的个体，我们如何可能有一种非科学的，但具有普遍意义的理解和表达。这实际上是哲学史的一个老问题了。在所谓"形式显示的现象学"中，海德格尔尝试了一些表述，它们以不确定的方式描绘变动不居的事态，它们不是传统哲学和科学意义上的"定义"，不具有知识的

"普遍性"和"确定性"，但依然具有普遍意义，也就是说，依然有感动别人的力量。这种方法上的努力其实就是要在科学、理论的方法之外寻找非科学、非理论的经验和表达的可能性，也就是要为艺术、思想留一个空间。简言之，要反对传统的概念方式，给出动态的定义。这对于艺术当然也构成一种考验。艺术需要特殊性，不能固定地去表达一个流动的个体，否则就成了知识的普遍表达了。欧洲中世纪就有一个说法，认为个体是无法言说的，个体不断在变化，而人类只能用普遍知识的方式言说之，因此只可能曲解个体。虽然前期海德格尔仍旧坚持认为，哲学可以摆脱陋习，改造或创造一些实存话语来言说个体，但后期海德格尔显然会认为，此路不通，还得通过艺术，我们只有通过艺术的方式才能抓住不断流变的个体现象。艺术的本质在于创造奇异性。博伊斯认为具象和抽象艺术样式都已穷途末路，这是很直接地回应了被技术控制的生活世界的变化，所以传统艺术样式如何走出困境，就成了问题。

记者：面对强大的技术统治的世界，艺术中的个体自由愈发珍贵，现代人几乎忘了对"存在"的追寻。在未来展望中，您提到我们要抵抗技术从而保护个体自由，那么未来手绘作品是否将慢慢被机器技术制品所取代？

孙周兴：你这个问题表述得过于沉重了。我认为今天的世界已经是一个技术支配的世界，艺术的意义就在于抵制或抵抗技术时代毫无节制的、越来越快速的技术化。技术化实际上意味着一种同质化和制度化，个体被平均化、被同质化了，个体的意义被大大削弱了。技术时代的某些艺术样式慢慢被技术所取代，不再是艺术家的手工活动，手工的意义也被削弱，慢慢退出我们的生活世界。今天我们面临的是一个抽象的技术物品组成的世界，这时候艺术怎么办？艺术还能发挥什么作用？这些都变成了很严重的问题。你们美术学院的师生还在做一点手工，但这与主流的技术世界已经不搭界了。其中有两个面向需要我们考虑，一是现代技术规定着我们，我们无法摆脱之，没有一种文化力量可以抵抗这种技术，但同时，作为自然人类，我们要进行抵抗，哪怕是无效的抵御。二是艺术和哲学的意义在于摆出一种抵抗的姿态，以节制科技的加速发展，这时候手工的意义会重现。技术制度化、社会技术化、数据化的量化管理，等等，这一切愈演愈烈，对人类生活是有伤害的。但物极必反的作用在此阶段也会显现，当技术充分发展、到达顶峰，人们由此意识到我们的身体在技术时代一无所用时，也许人们又将重新重视手工，重新关注自然人类的身体行为。

记者：您在讲座上提到架上绘画我们已经挂在墙上有七百多年了，传统架上绘画的这种形式在如今面对众多的艺术形式（如行为艺术、装置艺术、观念艺术等）时，不那么具有视觉冲击力和感受力，但如果我们还要继续走传统架上绘画之路的话，您有什么更好的建议？

孙周兴：传统绘画并不是完全不被看好，完全没戏了，在一定程度上，上面讲的博伊斯的判断可能过激了。更应该说，传统绘画不再是主流的艺术表达方式了，但肯定会介入当代艺术。二战以后也有一些十分成功的架上绘画，比如德国新表现主义，当然它已经不是传统的样式，它经常采用综合材料，与其他艺术样式相结合，而且具有强烈的观念性，总是力图表达一种宏阔的精神观念，不再是手工的比赛，而是观念的竞技。虽然在博伊斯以后，当代艺术在一定程度上回归架上绘画，以架上作品的形式来表现，比如德国新表现主义艺术家安瑟姆·基弗，但无论是材料还是观念，都已与传统绘画不同。这也说明架上绘画还是有意义的，但必须成为当代艺术的一部分，需要有一个方向性的改变。

记者：在克莱夫·贝尔看来，艺术是"有意味的形式"，集表现与赋义于一体，通过创作主体的艺术创作满足欣赏主体的审美需求，而哲学观念通过美学介入艺术，能否拓宽艺术的边界？

孙周兴：这个问题的答案是肯定的，当代艺术实际上是"哲学艺术"，这样说也许有些人会吓一跳。我是指二战以后，当代艺术实际上是对文明中两种主要力量——艺术与哲学——之间的关系的重新构造，这件事还处于进行时中，哲学要慢慢通过艺术化的表达方式来表达，艺术也要通过哲学化的表达方式来传递。这是一个巨大的文化变动。一直以来，艺术是人类创造性的方面，而哲学是人类批判性和反思性的方面，这两种力量是文明中最基本的力量，两者之间长期以来构成一种等级性的对抗，我指的是两者不是处于一种平等的对抗中，而是在一种此消彼长的对抗中。这种状况在尼采之后发生了一些变化，但尚未有根本性改变，到当代艺术才有大变。当代艺术之所以成为当代艺术，很大程度上是因为艺术与哲学的关系发生了深刻改变。现在两者相互交织，具有二重性，艺术哲学化，哲学艺术化，是两者关系的重新构造。并不是说现在艺术与哲学一体化了，而是说两者进入一种差异化交织运动，各自又保持着自己的特性。哲学偏重于论证，但传统哲学的论证太强，需要以诗意的方式弱化论证和逻辑；艺术是将事物神秘化，艺术的创造性和奇异性是艺术的固有之义。

记者：在当代艺术语境下，我们开始思考对技术同质化和个体缺失的抵制，想问一下孙老师，您个人在从事艺术哲学研究时有没有这方面的经验？或者说，您在现实中是如何实现艺术哲学的抵抗的？

孙周兴：所谓的抵抗是普遍的，是每个个体每天都在感受和实践的。我们每个人时时都在抵抗，前进与后退是抵抗，我们要抵抗诱惑，抵抗语言暴力，抵抗平庸，抵抗无聊，等等。做哲学研究的更是一样，每天都处于抵抗状态。当然，如果我们说艺术是技术统治时代基本的抵抗方式，这个阿多诺式的说法可能比较沉重，但我愿意同意艺术就是一种重大的抵抗。不抵抗将失去自己，因为我们进入了技术同质化的过程，个体自由和个体自主性很难得到保存和保护，保持自我愈发困难了，这就需要抵抗。艺术是一种最好的抵抗方式，因为艺术的目标是创造奇异性，艺术的商业属性并不是它的本质规定性。艺术的本性应该是创造，以奇异性来创造生活趣味和意义。

至于我自己，我不知道怎么说，只能说我在日常生活和工作中自觉到了这一点，希望用艺术的和哲学的方式来开展，在所作所为中体现艺术的奇异性和哲学的批判性。我是这样要求自己的，是不是做得好，难说。

记者：海德格尔曾说："艺术就是真理的生成和发生"，它包含艺术家的主体观念与客体和观者之间的互动，再加上一定的特殊场域，构成了艺术鉴赏较完整的过程。从人类意识介入了自然本原环境的角度来说，或者说在"人类世"观念的影响下，如此发展下去的艺术是否会过度强调艺术家的主观人为性，而忽略了自然物象本体的客观存在意味？

孙周兴：你这个问题不是十分明晰。海德格尔在《艺术作品的本源》中提到艺术是真理发生的方式，这已经颠覆了以前认为的真理是科学的、真理与艺术没有关系等观点。海德格尔认为我们的文化世界是人类创建起来的，艺术是这种创建的基本方式。所谓创建就是打开和揭示，就此而言，艺术是真理发生的一种方式。这其中当然也包含着对艺术家（创造主体）与世界的关系的重新理解，我们已经习惯于将外部事物当作我们的对象，海德格尔从现象学哲学出发，讨论在这个场域或语境下的人与物互动和相互规定的关系。过去人们认为主体规定客体，海德格尔则认为这种规定是相互的，我们的规定在创造的过程中，创造不是一个完全主体性的行为，而是一个被场域或语境所规定、影响、吸引的行为。这就开启了一种新的艺术理解方式，消除了以前过度强烈的主体性，摆脱了已经成为我们认知模式的主客关系。故海德格尔的《艺术作品的本源》被认为是20世纪最重要的艺术哲学经典，而其中最大的贡献就是表达了这样一种"艺术真理观"，其实也就是提供了一种非主体主义的、非对象化的艺术理解方式。要解说这一点需要更多的时间，简短几句话是讲不清楚的。

记者：最后一个问题，您最初是学地质学的，后来转向德国哲学，现在开始研究当代艺术理论，您的几次转变的契机和原因是什么？未来会不会有新的研究方向？

孙周兴：是的，我本科学的专业是地质学，后来转向哲学。当年我学的地质学过于经验和琐碎，不合我的性格，大学几年基本上是在读文学、写诗。工作后转向了哲学。

我的哲学研究重点主要是以尼采和海德格尔为主的德国现代哲学。这两位哲学家本身就十分关注艺术，对艺术有着独特的思考，所以我慢慢从他们关于艺术与哲学的思考出发，转向了对当代艺术和艺术理论的关注。今后还会做什么？目前的考虑是更多地关注技术哲学，特别是"技术与未来"主题。尼—海＝艺＝技（尼采、海德格尔、艺术哲学、技术哲学），这样四块已经够了，已经够我忙的了。

抵抗，姿态比结果更重要 [1]

此次与孙周兴老师的会面，除了哲学学术上的聆听指导，更有幸邀请他以策展人的身份为我们策划年底的这场收官之展。围桌而坐，孙周兴与学生间的探讨轻松而深入，末了，呈现给我们的初拟的展陈效果，已足

---

1. 在"无物之物——刘春杰'鲁迅主题'艺术展"开展期间接受南京乙观艺术中心的采访稿，后以《乙观头条 | 孙周兴：重建生活世界经验》为题发布（2022年11月25日）。

够让人眼前一亮。

从展览内容到展陈形式紧紧贴合的主题"无物之物"，首见于鲁迅《狂人日记》里"铁青的脸""白厉厉的牙齿""抹着人油的嘴唇"的形象；而在《这样的战士》中，"无物之物"们改换了衣装，是穿着现代衣冠的"文人学士"，比之野地荒冢中"女鬼"的"粉黛"，他们的"好名称""好花样"又更带"文化"色彩，然而浓艳太过，反泄露出其"文化"不过是一种魅人的赝装。

"无物之物"聚而成"阵"以众数出现，而战士则始终以"他"即少数存在现身。坚守在这"无物之阵"中和"无物之物"斗争，哪怕是己身"荷戟独彷徨"，哪怕是"在无物之阵中老衰，寿终"，也要在"韧"战中咬住敌人，纠缠不放。

一如鲁迅贯彻一生的"抵抗"之举，又如鲁迅贯彻"抵抗"这一行为本身所持守的姿态，对照当下语境，孙周兴以哲学学者的身份策划此次展览这一前瞻性的跨界艺术行为，何尝不表明了他以创造"抵抗"同质与平庸的决心。在精神的无物之阵中，孙周兴颇具抗争者的豪迈与清醒。

一、以创造抵御平庸

过去的人们常常将意义的问题寄托于上帝、神明等超验事物，直至 19 世纪，科学与技术进入发展的兴盛期，进化论刚刚被提出，虚无主义尚未显露端倪。而随着人类对世界运行规律的探明，尼采在 1882 年终于说出"上帝死了"，这般狂飙突进地，在刹那间宣告了"虚无时代"的来临。

"上帝之死"意味着什么？对无神论者来说，这本可以是一句掷地无声的话语。然对深受基督教文化影响的西方社会，这是一种道德基础的崩塌，人类感到突然被抛进了"冰冷、黑暗的众神遗弃之地"，善恶是非开始混淆，人群由此告别崇高，在技术的精进昌明之下，日常生活却只剩"可怖的单调感"。

后来，海德格尔亦在《尼采》这本书中特别解释了"上帝死了"的含义，他说，这意味着，"虚无主义者"这个最可怕的客人已经站在门口了，他开始敲门了。

无形的敌人，无解的矛盾，一如面对无物之阵般迷茫不安，普通人的精神逐渐千疮百孔，而不论何时，真的战士总会挺身而出，穿越贫瘠的大地，以精神之建构，去寻找生存的勇气和生活的意义。

在当下社会亦然。"人的感知经验逐步落空，基因工程更可能在智力和知识结构上把人拉平，个体扁平化、同一化、集约化，个体自由解放的人类理想，可能在人工智能大数据面前被消灭，"哲学学者孙周兴感叹，"如何保护个体自由以及让个体有进一步创造的空间，将变成以后人类文化的一个很核心的命题。"在这个由技术主导的时代，我们该如何寻找生活的意义？这似乎成为不同时代不同语境下，难以回答却又不可逃避的相似问题。

于是，循着尼采与海德格尔的先声远影，孙周兴提出"未来哲学"，以弥补"上帝之死"的意义缺位，重建生活世界的经验。他认为未来哲学作为一种科学的批判，必须要与艺术联姻。

当杜尚把小便池带进展厅，艺术变了；当安迪·沃霍尔将罐头复制到画布上，艺术商品化了；当毕加索将画面肢解得支离破碎，古典审美成了过去……正是这些看似闹剧的艺术行为，让曾经认为当代艺术"不怀好意"的孙周兴也不得不承认，当代艺术家通过创造性的语言述说着许多人想说却不敢说的话，做着他们想做但不敢做的事。

多年以前，孙周兴轻松地逸出哲学，开始涉猎艺术现象学，一如其友寒碧所赞："沿海德格尔对于技术的思考，或沿尼采关系艺术的感受，延伸、扩充、会通，强化着绝对精神解体，以构建未来思想愿景。"

在2020年的"未来艺术论坛"上，孙周兴提出"艺术的意义在于创造生活的神秘感";2022年，他又在题为《艺术的意义和方向》的发言中反复强调一个关键词："抵抗"。从阿多诺"艺术是一种否定和抵抗的文化样式"，到博伊斯"人人都是艺术家"，再到安瑟姆·基弗以创作"抵抗"世界的崎岖，都最终由孙周兴总结为抵抗同一性哲学和启蒙现代性、抵抗同一性制度和同质化生活，以及抵抗技术文明对个体自由的抑制。"抵抗"作为一种基本的生存姿态，由艺术这一异质性的力量承担。

孙周兴认为，以创造抵御同质和平庸，是当代艺术的基本动因。

然"抵抗"一定是消极的吗？孙周兴直言，反之，它是一种尼采式的积极的生活姿态，亦是海德格尔式的"先行到死"的人生态度，在变动不居的时代洪流里，以精神构建稳定之自我，以精神呼唤真实之自我，以精神延展创造之自我，抱着"向死"的觉悟，积极地面对生活的本相。

二、姿态比结果更重要

再回归到孙周兴本人及策划这场展览的动因。或是出于对鲁迅的喜爱，又或是他想为鲁迅"正名"，这些搁置不提，他本人倒是与鲁迅有几处相似。

他们都出生于浙江绍兴，都喜爱喝酒。初见面，一句"走，我们一会儿去喝酒"，带着绍兴口音，立刻与他的学者形象打了个反差，以至于我们本着职业操守，不得不拉着孙老师再三交谈。好在酒瘾上来了，他倒也能耐着性子任我们"摆布"。

孙周兴喜欢说"农民"一词，有时贬有时褒，当有人妄言"农民是刁民"时，他不无"骄傲"地指出，自己就是农民出身。他说自己身上有农民的脾性，愿意用农民的眼光看问题，因为越简单朴实越易洞悉。

哲学家、思想家、翻译家等众多头衔傍身，孙周兴的身上却无一点书呆子气，他总是生机勃勃，行而善其所乐。虽未发展成一个"学究"，然他也有极为严谨、说一不二的时候，如他主译《海德格尔文集》30卷、《尼采著作全集》14卷。

海德格尔和尼采，是他学术生命的根基。他曾直言，如果我们的比较哲学研究最终只是得出结论，西方人说到的东西我们祖先早都说到了这种结论，毫无疑问是浅薄的。这种带有东方主义眼光的比较是没有任何生命力的。

　　他的身上似传承着海德格尔和尼采的精神使命感。比如说，他主编了《未来哲学》丛书和《未来艺术》丛书。他说，我们需要将哲学和艺术这两种相对独立的力量结合起来，去重新考量和改变世界，以抵抗技术带来的精神虚无。此外，无论什么时候，哲学和艺术都应当根据当下生存的经验，在审视自身动态的位置之后，再去追求思想的未来可能。

　　从哲学到未来哲学，从哲学到艺术，从当代艺术到未来艺术，他又与友人一同创办艺术与学术机构"巽汇"，主编思想辑刊《现象》，跃然艺术世界，行跨行越界之举。寒碧常笑侃他"精力过剩，花样繁多，非要琢磨个新门道，不管不顾地往前走"，却又深以为意，明晰他如网状的铺陈，背后始终有个总纲，即反思和重构生活世界经验，来想象与著明个体实存自由。

正是因为他没有失去"农民"的眼光，才没有被归于居庙堂之高、在辞藻中遨游的学者一类，才得以深深扎根土地，做到与西方相互凝视反思，在幽远的文化本源中寻找着通往未来的蛛丝马迹。他身上的可贵之处，便在于这许多学者未曾有过的"农民"气性。

20世纪60年代出生于绍兴南部偏僻乡村，高考第一年孙周兴没考上中专，差点去做了泥瓦匠，不信命的他复读一年，1980年考上了浙大地质学系。然而他马上发现自己兴趣不在此，于是，毕业三年后，孙周兴重回浙大，考取哲学研究生，从硕士一路读到博士。此后的经历，看起来顺风顺水，学习德语，研究哲学，翻译哲学名著，30 岁被聘为杭州大学副教授，33 岁成为浙江大学教授，36 岁已经是浙江大学的博士生导师了。但这背后的辛劳付出，却是不足为外人道的。

孙周兴常言"抵抗"，他自己的经历又何尝不是在印证着"抵抗"。

他亦直言不讳："有很多人说抵抗是无效的，最终不会成功，我也承认这一点。但是我还有个说法，虽然我们知道抵抗是无效的，但是我们必须摆出抵抗的姿态！

"在《野草·这样的战士》中，鲁迅竟说'无物之物'将是'胜者'——这话丝毫没有颓丧之意，倒是传达了当代艺术和当代生活的豪迈之气。"

一如鲁迅深知"无物之物"将是"胜者"，却始终以"韧"战咬住敌人，纠缠不放；"韧"是理性明澈的照耀，是信仰的坚持，是意志自身的活动，是生命之流的无止息的绵延。不同于孔子的"上朝廷"与老子的"走流沙"，现代的思想战士，坚定地独立于旷野和荒漠之上，"不克厥敌，战则不止"。

故而孙周兴才能将一切跨界背后的坚持坚守当作笑谈，故而他深知人是有限的存在，人生的虚无本质，却依旧呼唤"以创造抵御平庸"。他说人总是能够重新开始，以此来告诫我们积极地面对世界的无常。

因为，"韧"战中的抵抗，像是一门艺术，姿态比结果更重要。不在于生命毫无毁损的保存，而在于"有一分热，发一分光"的充分燃烧！

后记

本书收录我在 2019 年之后几年内写的艺术短论。2019 年之前的一些同类文章，我已经编成一本《艺术创造神秘》，于 2021 年在商务印书馆出版了。而众所周知，这几年人类差不多都在一场疫情中，连日常的活动都没有了，艺术场所也关停了，哪里还有艺术之论？但这次收拾起来，我发现可用的居然有 26 篇，另外还有一些不可用的——可见我委实是一个勤快之人，也可见艺术也可能在观念中，或者说观念也是艺术。

按照我以往的一贯做法，我大致把本书26篇文章分为四编，第一编的重点是当代艺术，第二编偏于当代架上绘画，第三编涉及书法、国画及其他，第四编收录了几篇媒体采访稿。前两编各有8篇，第三编为7篇，第四编为3篇。前三编的短文多为作者作为策展人或学术主持在疫情前（主要是2019年）为组织和参与的一些艺术展览写的"展览前言"，这些展览主要在上海举办，但也有一些展览是在上海之外的地方举办的。

新冠疫情之前，我在上海主持或合作搞了两个画廊，一是本有艺术空间，位于浦东新区张江张衡路的ATLATL创新研发中心，是我受友人唐春山先生之邀，在他的生物科技园区大楼的一楼做的一个展示空间。它其实是一条宽大敞亮的走廊，作为艺术空间是有些勉强的。但这是一个高大上的科技园区，以春山兄的意思，是需要用艺术来装扮和温暖一下的。自2018年第一个展览开始，本有艺术空间在一年多时间里举办了六个展览。疫情以后，该空间已经重启了，于2023年8月27日下午举办"莫名之物——严智龙当代艺术展"；2023年12月2日下午，又举办了"失神记忆——严善錞作品展"。按照我的计划，该空间将以每年四个展览的节奏运行。

二是巽汇艺术空间，是我与友人寒碧、严善錞等一道合作的艺术机构，位于上海闵行区光大会展中心。巽汇主要由寒碧兄主持大局，初期还有艺术家靳卫红、汉学家阿克曼等友人参与。寒碧兄有宏大理想，试图以巽汇艺术空间为基地，对中国当代艺术做一种持久的学术梳理和推动。我自然是乐见其成而且积极参与的。自 2019 年初开始至次年疫情暴发，短短一年时间里，我们举办了武艺、王广义、向京／靳卫红、尚扬的四个展览，每次展览都配以多次学术研讨或对话。但疫情开始，线下不通，财务趋紧，人心涣散，势头良好的巽汇艺术空间便停止运作了。想想真是可惜了。

本书约一半文章，是与我的这两个艺术空间——本有艺术空间和巽汇艺术空间——相关的，那也是我在离开上海前几年里用力甚多的一件事。在与寒碧、严善錞诸兄的紧密合作中，在与艺术家的密切交流中，我学到了许多，在此感谢他们的友情帮助。同济大学和中国美术学院的一些研究生积极参与了艺术展览和研讨活动，我也感谢他们的辛劳。

利用这次编辑旧文的机会，我对全部26篇文章做了重新审查和梳理，修改程度不一，约有三分之一少有变动，但也有少数几篇做了较大幅度的缩减或拓展。

本人接触艺术和艺术哲学已有二十多年了，多年来书写了不少艺文，也参与各种相关的或不相关的艺术展示和艺术研讨的活动，但至今仍然不能说、不敢说已经登堂入室了，有许多东西需要学习，有大量新领域有待涉入。就此而言，本书只是一种接近艺术异在之力的尝试——好在，一直以来，我大概算好学之人。

2023年10月16日记于沪上

2023年12月2日补记

图书在版编目(CIP)数据

异在的力量：当代艺术评论 / 孙周兴著. -- 上海：
上海人民出版社，2025. -- (未来哲学系列). -- ISBN
978-7-208-19214-0

Ⅰ. G303-05

中国国家版本馆 CIP 数据核字第 2024EB1126 号

责任编辑　陈佳妮　陶听蝉
封扉设计　人马艺术设计·储平

中国美术学院文化创新与视觉传播研究院成果
Achievements of the Institute of Cultural Innovation and Visual Communication
China Academy of Art

中国美术学院视觉中国协同创新中心
The Institute for Collaborative Innovationin Chinese Visual Studies
China Academy of Art

中国美术学院视觉中国研究院
China Institute for Visual Studies，China Academy of Art

出版项目

未来哲学系列

异在的力量
——当代艺术评论

孙周兴 著

出　　版　上海人民出版社
　　　　　(201101　上海市闵行区号景路 159 弄 C 座)
发　　行　上海人民出版社发行中心
印　　刷　上海盛通时代印刷有限公司
开　　本　787×1092　1/32
印　　张　7.5
插　　页　14
字　　数　70,000
版　　次　2025 年 1 月第 1 版
印　　次　2025 年 1 月第 1 次印刷
ISBN 978-7-208-19214-0/J·743
定　　价　52.00 元